AF714444

© Éditions Decoopman
I.S.B.N. : 978-2-917254-48-6

Dépot légal : 3e trimestre 2011

Le Code de la propriété intellectuelle n'autorisant, aux termes de l'article L.122-5, (2e et 3e a) d'une part, que les « copies ou reproductions strictement réservées à l'usage privé du copiste et non destinées à une utilisation collective » et, d'autre part, que les analyses et les courtes citations dans un but d'exemple ou d'illustration, « toute représentation ou reproduction intégrale ou partielle faite sans le consentement de l'auteur ou de ses ayants droit ou ayants cause est illicite » (art. L. 122-4).
Cette représentation ou reproduction, par quelque procédé que ce soit, constituerait donc une contrefaçon sanctionnée par les articles L. 335-2 et suivants du Code de la propriété intellectuelle.

Ouvrages parus
dans la même collection :

- *Les bateaux à vapeur* - Louis Figuier
- *Les Locomobiles* - Louis Figuier
- *La machine à vapeur T1* - E. Sauvage
- *La machine à vapeur T2* - E. Sauvage
- *Manuel du moteur Stirling pour le modéliste* - D. Lyonnet
- *Les chemins de fer* - A. Guillemin
- *Tiroirs et distributeurs de vapeur* - A. Madamet
- *L'A.B.C. du Chauffeur* - H. Mathieu
- *La navigation sous-marine* - G.L. Pesce
- *Histoire de la machine à vapeur* - R.H. Thurston
- *Les paquebots à grande vitesse* - M. Dumoulin
- *Les Moteurs* – H. de Graffigny – 1888/2010
- *Les Torpilles* - E. Hennebert - 1884/2010
- *507 Mouvements mécaniques* - H. T. Brown - 1890/2009
- *Les Machines* - Edouard Collignon - 2009
- *La Vapeur* - Amédée Guillemin - 1876/2009

Olivier Lacaux
Jean Castanier

Ces ouvrages sont disponibles aux

Éditions **Decoopman**
Ferrières
30440 Saint-Laurent-le-Minier
Tel : +33 (0)4.67.73.90.95
web : www.decoopman.com
e.mail : editions@decoopman.com

G. LOUIS FIGUIER.

LES

MERVEILLES DE LA SCIENCE

PAR

LOUIS FIGUIER

Les Merveilles de la Science

LA LOCOMOTIVE ET LES CHEMINS DE FER

Louis FIGUIER

1867

CHAPITRE I

PREMIÈRES IDES CONCERNANT LA LOCOMOTION PAR LA VAPEUR. - JAMES WATT. - VOITURE A VAPEUR DE L'INGÉNIEUR FRANÇAIS CUGNOT. - CONSTRUCTION DES PREMIÈRES MACHINES A HAUTE PRESSION PAR OLIVIER EVANS. - APPLICATION DE CES MACHINES A LA LOCOMOTION SUR LES ROUTES ORDINAIRES. - VOITURE A VAPEUR D'OLIVIER EVANS.- DILIGENCE A VAPEUR DE TREVITHICK ET VIVIAN.

La machine à vapeur a eu cette heureuse destinée, que les diverses améliorations qu'elle a reçues depuis son origine, ont trouvé, dès l'instant de leur création, des applications de la plus haute importance. En 1690, le génie de Papin jette dans le monde scientifique sa grande conception concernant la force élastique de la vapeur d'eau, et dix ans se sont à peine écoulés, que cette pensée théorique, sortant du domaine spéculatif où elle a pris naissance, reçoit son application dans l'industrie. Savery et Newcomen, consacrant la machine atmosphérique à l'épuisement des eaux dans les mines de houille, arrachent à une imminente ruine la branche mère de l'industrie britannique. Dès que James Watt a accompli dans le système des machines à vapeur cette révolution admirable que nous avons fait connaître, on voit aussitôt les applications de ses découvertes se réaliser sur une échelle immense. Avec les forces nouvelles dont elle est armée, la machine à vapeur s'élance, par toutes les voies, dans le domaine de l'industrie, et vient offrir son utile concours aux innombrables travaux des manufactures et des usines. La persévérance et les talents de Fulton lui ouvrent ensuite l'empire des mers, et elle brave sur l'Océan, l'effort des vents et des flots.

Enfin, de nouveaux perfectionnements apportés au mécanisme de ce puissant moteur, permettent de l'appliquer aux transports rapides sur les voies de la locomotion terrestre.

C'est cette nouvelle période des progrès de la machine à vapeur qu'il nous reste à aborder, et ce n'est ni la moins curieuse, ni la moins intéressante de son histoire.

Bien que les machines à vapeur locomotives soient beaucoup plus simples dans leur combinaison, que les machines fixes qui fonctionnent dans les usines ou sur les navires, leur invention est de beaucoup postérieure en date à ces dernières. Les bateaux à vapeur sillonnaient les fleuves dans les deux hémisphères, vingt ans avant que la circulation des voyageurs fût établie sur les chemins de fer.

Cette circonstance s'explique sans peine, si l'on considère les conditions spéciales auxquelles la machine à vapeur devait satisfaire pour servir à traîner sur la terre, les hommes et les fardeaux. Les seules machines à vapeur connues et employées dans l'industrie, jusqu'au commencement de notre siècle, furent les machines à condensation. Or, on ne pouvait songer à les appliquer aux transports sur les routes ; car l'énorme quantité d'eau employée au seul usage de la condensation de la vapeur, aurait surchargé la voiture au point de l'empêcher de se traîner elle-même. Il fallait, pour résoudre ce problème, posséder un appareil moteur présentant tout à la fois un poids très faible, un volume médiocre et une puissance considérable. Les machines à haute pression pouvaient donc seules donner moyen d'appliquer la puissance de la vapeur à la locomotion terrestre.

Cependant cette vérité ne s'est pas toujours montrée tellement évidente, que quelques mécaniciens n'aient essayé de faire usage de la machine à vapeur à condenseur pour la locomotion terrestre. Mais ces tentatives méritent à peine un souvenir.

C'est ainsi qu'en 1759, le docteur Robinson, alors élève à l'université de Glascow, s'était proposé d'appliquer la vapeur à faire tourner les roues des voitures ; et que James Watt, en 1784, donna, dans un de ses brevets, la description d'une machine à condensation applicable au même objet. Mais ces deux savants avaient l'un et l'autre une connaissance trop approfondie de ces questions pour ajouter aucune importance à une idée de ce genre. Ils ne tardèrent pas à abandonner leur projet.

Le premier mécanicien qui ait eu l'idée d'employer la vapeur à haute pression pour la locomotion terrestre et qui, par cela même, mérite le titre d'inventeur des locomotives, est un Français, nommé Cugnot.

Joseph Cugnot, né à Void, en Lorraine, le 25 septembre 1725, avait vécu pendant toute sa jeunesse en Allemagne, où il servait en qualité d'ingénieur. Il passa ensuite dans les Pays-Bas, pour entrer au service du prince Charles. Un ouvrage sur les *Fortifications de campagne*, et un nouveau modèle de fusil, qui fut accueilli par le maréchal de Saxe, et adopté pour l'armement des hulans, lui valurent une certaine notoriété dans son art.

Encouragé par ces premiers succès, il s'occupa, à Bruxelles, de construire des chariots à vapeur, qu'il désignait sous le nom de fardiers à vapeur, et qu'il destinait au transport des canons et du matériel de l'artillerie. Il est à croire que si le chariot à vapeur ou le train d'artillerie à vapeur, eût donné de bons résultats, l'inventeur n'eût pas tardé à appliquer le même mécanisme à la traction des voitures et véhicules de tout genre.

Quoi qu'il en soit, Cugnot se rendit à Paris en 1763, pour y continuer ses recherches. Au bout de plusieurs années de travaux, il réussit à construire un modèle de voiture à vapeur qui fut soumis en 1769, à l'examen de Gribeauval. Un ancien rapport, retrouvé par M. le général Morin aux Archives de l'artillerie, établit d'une manière authentique, l'origine de la voiture de Cugnot. Voici un extrait de ce rapport :

> « En 1769, un officier suisse, nommé Planta, proposa au ministre Choiseul plusieurs inventions, lesquelles, en cas de réussite, promettaient beaucoup d'utilité.
>
> « Parmi ces inventions, il s'agissait d'une voilure mue par l'effet de la vapeur d'eau produite par le feu.
>
> « Le général Gribeauval ayant été appelé pour examiner le prospectus de cette invention, et ayant reconnu qu'un nommé Cugnot, ancien ingénieur chez l'étranger et auteur de l'ouvrage intitulé *Fortifications de campagne*, s'occupait alors d'exécuter à Paris, une invention semblable, détermina l'officier suisse Planta à en faire lui-même l'examen.
>
> « Cet officier l'ayant trouvé de tous points semblable à la sienne, le ministre Choiseul chargea l'ingénieur Cugnot d'exécuter aux frais de l'État celle par lui commencée en petit.
>
> « Mise en expérience en présence du ministre, du général Gribeauval et en celle de beaucoup d'autres spectateurs, et chargée de quatre personnes, elle marcha horizontalement, et j'ai vérifié qu'elle aurait parcouru environ 1 800 à 3 000 toises par heure, si elle n'avait pas éprouvé d'interruption.
>
> « Mais la capacité de la chaudière n'ayant pas été assez justement proportionnée avec assez de précision à celle des pompes, elle ne pouvait marcher de suite que pendant la durée de douze à quinze minutes seulement, et il fallait la laisser reposer à peu près la même durée de temps, afin que la vapeur de l'eau reprît sa première force ; le four étant d'ailleurs mal fait, laissait échapper la chaleur ; la chaudière paraissait aussi trop faible pour soutenir dans tous les cas l'effort de la vapeur.
>
> « Cette épreuve ayant fait juger que la machine exécutée en grand pourrait réussir, l'ingénieur Cugnot eut ordre d'en faire construire une nouvelle, qui fût proportionnée de manière à ce que, chargée d'un poids de huit à dix milliers, son mouvement pût être continu pour cheminer à raison d'environ 1 800 toises par heure.
>
> « Elle a été construite vers la fin de 1770, et payée à peu près 20 000 livres.
>
> « On attendait les ordres du ministre Choiseul pour en faire l'essai, et pour continuer ou abandonner toutes recherches sur cette nouvelle invention ; mais ce ministre ayant été exilé peu après, la voiture est restée là, et se trouve aujourd'hui dans un couvert de l'Arsenal[1]. »

1 Rapport adressé au ministre de la guerre, le 24 janvier 1801, par L. N. Rolland, commissaire général de l'artillerie.

Ce rapport semble établir que les essais définitifs de la voiture de Cugnot ne furent point exécutés. Cependant Bachaumont nous apprend le contraire.

> « On a parlé, il y a quelque temps, nous dit l'auteur des *Mémoires secrets*, à la date du 30 novembre 1770, d'une machine à feu pour le transport des voilures, et surtout de l'artillerie, dont M. Gribeauval, officier en cette partie, avait fait faire des expériences qu'on a perfectionnées depuis, au point que mardi dernier la même machine a traîné dans l'Arsenal une masse de cinq milliers servant de socle à un canon de 48, du même poids à peu près, et a parcouru en une heure cinq quarts de lieue.
> « La même machine doit monter sur les hauteurs les plus escarpées et surmonter tous les obstacles de l'inégalité des terrains ou de leur abaissement. »

Mais cet espoir fut déçu, car la tradition rapporte que, dans des essais postérieurs, la violence des mouvements de cette machine ayant empêché de la diriger, elle alla donner contre un pan de mur de l'Arsenal, qui fut renversé du choc.

Cugnot obtint du gouvernement français, sur la proposition du général Gribeauval, une pension de six cents livres. Il en jouit jusqu'au moment de la révolution, qui vint le priver de cette faible ressource. Le malheureux officier serait alors mort de misère, si une dame charitable de Bruxelles ne lui eût fourni quelques secours.

En 1793, un comité local de Salut public voulut démolir, pour en fabriquer des armes, la machine de Cugnot, qui se trouvait toujours à l'Arsenal. Mais des officiers d'artillerie s'opposèrent à ce projet.

Le général Bonaparte, à son retour d'Italie, eut connaissance de l'existence de la machine de Cugnot, et il exprima à l'Institut l'opinion qu'il serait possible d'en tirer parti.

Bonaparte fut nommé membre d'une Commission qui devait examiner l'appareil ; mais son départ pour l'Égypte empêcha de nouveaux essais.

En 1799, Molard, directeur du Conservatoire des Arts-et-Métiers, réclama le chariot à vapeur de Cugnot pour cet établissement.

Mais ce ne fut que deux ans après que l'on donna suite à cette demande, par suite de l'opposition qu'elle rencontra auprès du ministre Roland et de quelques officiers. La machine de Cugnot fut donc transportée en 1801, au Conservatoire des Arts-et-Métiers.

Cugnot avait alors soixante-quinze ans. A la suite d'un rapport favorable sur ses travaux, fait par une commission académique, Bonaparte lui rendit sa pension, qui fut portée à mille livres. Il mourut en 1804, âgé de soixante-dix-neuf ans, au moment où les premières locomotives commençaient à marcher sur les voies ferrées de Newcastle.

La voiture à vapeur de Cugnot existe encore au Conservatoire des Arts-et-Métiers de Paris, où les curieux l'examinent toujours avec un vif intérêt.

Fig. 123. — La première voiture à vapeur essayée par l'inventeur Cugnot, à l'intérieur de l'Arsenal de Paris, en 1770.

La voiture de Cugnot était mise en mouvement par une machine à vapeur à simple effet. Cette machine se composait de deux cylindres de bronze, disposés verticalement, et dans lesquels la vapeur, introduite au moyen d'un tube, se trouvait mise en communication, tantôt avec la chaudière pour recevoir la vapeur, tantôt avec l'atmosphère, pour chasser dehors cette vapeur quand elle avait produit son effet. La chaudière, disposée à l'avant de la voiture, présentait la forme d'un sphéroïde aplati ; le foyer, à peu près concentrique à la chaudière, était disposé au-dessous. Le métal était enveloppé d'une couche de terre réfractaire pour l'isoler du foyer.

Tout ce système reposait sur trois roues : c'était un *tricycle*. Une roue unique formait l'avant-train ; deux très fortes roues, montées sur un essieu ordinaire, composaient l'arrière-train. C'est à la roue de devant que s'appliquait la puissance motrice. La vapeur à haute pression, poussant le piston dans chacun des deux cylindres à simple effet, communiquait leur mouvement alternatif, à l'aide de rochets et de cliquets, à l'essieu de la première roue, ou roue motrice.

Pour trouver plus d'adhérence sur le sol, cette même roue était cerclée d'un bandage de fer, rayé de stries profondes.

L'avant-train de la voiture pouvait tourner comme celui d'une voiture ordinaire ; il pouvait faire jusqu'à des angles de 90° avec l'arrière-train. Le *fardier* de Cugnot tournait donc sur le terrain aussi facilement que s'il eût été attelé à des chevaux.

Disons toutefois que Cugnot ne s'était pas inquiété des moyens de remplacer l'eau, à mesure qu'elle disparaissait en vapeur ; si bien, qu'au bout d'un quart d'heure tout mouvement se trouvait arrêté. Il fallait remplir de nouveau la chaudière, et la marche de la voiture n'était rétablie que lorsque la vapeur avait acquis une tension suffisante.

Cette circonstance suffisait à elle seule, pour empêcher toute application sérieuse de cet appareil, quelque remarquable que fût, d'ailleurs, sa conception.

Un essai avorté compromet toujours l'avenir d'une idée scientifique. Le mauvais effet que produisit l'échec de Cugnot retarda notablement la découverte de la locomotion par la vapeur, en détournant les mécaniciens de cette étude. Trente années s'écoulèrent, pendant lesquelles ce genre de recherches fut totalement abandonné. L'emploi général des machines à vapeur à haute pression put seul ramener l'attention sur ce problème, en raison des facilités évidentes que ce genre de machines apportait à la solution du problème des voitures à vapeur.

Nous avons donné, dans la notice consacrée à la machine à vapeur, l'historique de la machine à vapeur à haute pression, inventée par Olivier Évans.

En 1786, Olivier Évans adressa au Congrès de l'État de Pensylvanie, la demande d'un double privilège pour ses moulins à farine et pour une voiture à vapeur ; chacun de ses mécanismes était mis en action par une machine à haute pression.

Sa première requête fut bien accueillie ; mais la pauvre chambre de Pensylvanie ne comprit rien à la seconde. Ne pouvant se décider à prendre au sérieux le projet d'une voiture qui marcherait sans chevaux, elle ne voulut pas même en faire mention dans son rapport. « Entre nous, disaient les membres de la commission, le cher Olivier n'a pas la tête saine. »

Il revint à la charge dix ans après. Mais mieux inspiré cette fois, il s'adressa au Congrès du Maryland, qui céda à ses sollicitations. Un privilège pour la construction de chariots à vapeur, lui fut concédé le 21 mai 1797, par la législature de cet État, non toutefois sans l'expression d'un doute très prononcé, et « vu, disait le rapporteur, que cela ne peut nuire à personne. »

Cette approbation équivoque ne pouvait guère encourager les capitalistes à entrer dans l'entreprise d'Olivier Évans.

Toutes les bourses se fermèrent devant le songe-creux qui rêvait des voitures sans chevaux. Si mal accueilli par ses compatriotes, Évans se décida à envoyer à Londres les plans de sa machine et l'exposé des moyens qu'il comptait mettre en œuvre. Il désirait trouver en Angleterre, quelque capitaliste qui consentit à prendre un brevet, en partageant avec lui les bénéfices de l'exploitation. Mais on lui répondit de Londres, que personne n'ajoutait foi à ses idées.

Cependant, vers l'année 1800, ayant amassé une petite somme, Olivier Évans se détermina à commencer à ses frais, la construction de sa voiture à vapeur.

On s'occupait beaucoup à Philadelphie, de la machine qu'il était en train de construire ; mais ce n'était que pour la tourner en ridicule. La plupart des personnes instruites qui venaient visiter ses ateliers, traitaient ouvertement son projet de folie. Un ingénieur qui jouissait d'un certain renom, voulut donner à ce blâme public la sanction scientifique, et dans un mémoire qu'il présenta à la *Société philosophique de Philadelphie*, il essaya de prouver qu'il était impossible qu'une voiture « roulât jamais par l'action de la vapeur ».

Heureusement pour son crédit futur, la société ne laissa pas imprimer cette assertion, et biffa les parties de ce travail où elle se trouvait émise, « attendu, dit-elle avec beaucoup de sens, qu'on ne peut assigner de bornes au possible ».

En dépit de l'opposition et des critiques qu'il rencontrait, Olivier Évans s'occupa de terminer ses divers appareils, et vers la fin de 1800, ayant dépensé jusqu'à son dernier dollar en expériences, il eut le contentement de voir sa voiture à vapeur marcher dans les rues de Philadelphie.

Mais son contentement s'arrêta là. Lorsqu'il fut question de fonder une entreprise pour construire des voitures semblables, et les affecter à un service de roulage, personne ne se montra disposé à courir les chances d'une affaire si nouvelle.

Au bout de plusieurs années d'efforts et de sollicitations inutiles, Évans se vit contraint de renoncer sans retour, au projet qu'il poursuivait depuis si longtemps. Il revint donc aux travaux ordinaires de sa profession de constructeur de machines à vapeur, et se consacra surtout à fabriquer des machines à haute pression. Nous avons déjà dit qu'il créa à Philadelphie, de vastes ateliers pour la fabrication de ses machines, et qu'il mourut en 1819, du chagrin que lui fit éprouver l'incendie de ses ateliers de Pittsburg.

Cependant les idées d'Olivier Évans n'étaient pas demeurées absolument sans écho en Angleterre, où il avait envoyé ses plans.

Deux mécaniciens du Cornouailles, Trevithick et Vivian, construisirent, en 1801, des machines à vapeur à haute pression, d'après ses modèles. Frappés bientôt des avantages qu'elles offraient pour l'application de la vapeur à la locomotion, ils essayèrent de construire des voitures mises en mouvement par de la vapeur à haute pression. Ils ne faisaient en cela, qu'imiter l'exemple d'Olivier Evans qui, en Amérique, comme on vient de le voir, avait fait de longs et sérieux efforts pour appliquer la machine à vapeur à haute pression à la traction des véhicules sur les routes ordinaires.

Ayant réussi à disposer une voiture mue par une machine à vapeur à haute pression, Trevithick et Vivian obtinrent un brevet pour exploiter, à leur profit, l'usage de ces voitures à vapeur sur les routes ordinaires.

La voiture à vapeur de Trevithick et Vivian (figure 124), présentait à peu près la forme de nos diligences. Entre les grandes roues, et par conséquent à l'arrière, se trouvait un large et solide châssis de fer, fixé sur l'essieu . Ce châssis supportait un foyer B, enveloppé de toutes parts par l'eau d'une chaudière A, qui, à l'aide d'un tube, envoyait sa vapeur dans le cylindre C, disposé horizontalement. Le piston de ce cylindre poussait une tige, ou bielle, qui imprimait, au moyen d'un galet, roulant dans une glissière D, un mouvement de rotation à un axe coudé, E, lequel mettait en action la petite roue dentée F, pourvue d'un volant G, et par suite, la roue dentée H, engrenant avec la première. Cette roue H étant fixée sur l'essieu des deux roues K de la voiture, faisait avancer la voiture. Au devant était une petite roue unique, L, qui pouvait se mouvoir en tous sens. Pour suivre les diverses inflexions de la route, pour aller à droite, à gauche, etc., le conducteur n'avait qu'à mettre en action au moyen d'un levier, cette petite roue directrice. Un frein disposé contre le volant de la machine à vapeur, modérait la vitesse, dans les descentes trop rapides.

Ce curieux appareil offrait diverses combinaisons très ingénieuses. Cependant il était impossible qu'il triomphât des difficultés infinies que présente la progression des voitures à vapeur, sur les grandes routes. Le frottement énorme qui s'opère à la circonférence des roues, oppose un obstacle des plus graves à ce genre de locomotion. Il est reconnu que, sur les meilleures routes, la résistance à vaincre, par suite du frottement, représente les quatre centièmes du poids à transporter, et s'il s'agit de franchir une rampe de 3 centimètres, ce qui arrive fréquemment, elle s'élève aux sept centièmes de la charge. On peut sans doute, surmonter cette résistance en faisant usage de machines plus puissantes ; mais chaque nouveau poids ajouté augmente encore le frottement, qui croît, dans ce cas, en proportion de la pesanteur. Cette difficulté n'existe pas sur les bateaux, dans lesquels on peut à volonté, augmenter la puissance des machines motrices, car les poids les plus lourds sont soutenus par l'eau, sans que la résistance que le frottement oppose à la marche du bâtiment, s'accroisse en proportion de ces poids. Enfin, la locomotion par la vapeur présente sur la terre, d'autres difficultés qui sont tout aussi graves. Les chocs inévitables qui résultent des inégalités du terrain, y compromettent à chaque instant, le jeu ou la conservation de la

Fig. 124. — Voiture à vapeur marchant sur les routes ordinaires, construite en 1801, par Trevithick et Vivian.
(Coupe de l'appareil donnée par une gravure anglaise du temps.)

machine ; et la difficulté de contenir et de régler la marche d'une semblable voiture, sur un chemin livré à tous les embarras de la circulation publique, vient encore ajouter à ces dangers.

Trevithick et Vivian ne tardèrent pas à reconnaître leur impuissance à triompher de tels obstacles. Après un grand nombre d'essais infructueux, ils se virent obligés de renoncer à leur projet de lancer des voitures à vapeur sur les routes.

Désireux, néanmoins, de ne pas perdre tout le fruit de leurs travaux, ils songèrent à établir leur machine sur les chemins à rails de fer, qui depuis fort longtemps étaient en usage dans plusieurs mines de l'Angleterre, soit pour transporter la houille dans l'intérieur des galeries, soit pour l'amener aux lieux de consommation.

Quelques essais leur suffirent pour reconnaître qu'une voiture à vapeur pourrait offrir, dans ce cas, quelques avantages, et au mois de mars 1802, ils obtinrent un brevet leur conférant le privilège de l'emploi de ces voitures sur les chemins à rails.

Ils n'ajoutaient cependant qu'une assez faible importance à ce projet, par suite de l'opinion, unanimement admise à cette époque, que les roues d'une voiture portant sur des rails de fer, ne pourraient y trouver assez de frottement ou de prise, pour marcher avec une certaine vitesse. La lenteur, qui semblait une condition forcée de ce système de locomotion, paraissait devoir restreindre beaucoup son emploi, et le réduire au service exclusif des mines.

L'emploi de la machine de Trevithick et Vivian sur les chemins à rails, ne fut donc qu'une sorte de pis aller, une manière de tirer quelque parti des résultats d'une tentative, évidemment avortée. On ne soupçonnait guère alors les prodiges que l'expérience et l'étude devaient faire sortir un jour de cette entreprise, à demi abandonnée. Personne ne pouvait prévoir que cet appareil imparfait, relégué, en ce moment, dans les mines de charbon, pour un service obscur et secondaire, révolutionnerait un jour tout notre système de locomotion.

CHAPITRE II

ORIGINE DES CHEMINS A RAILS. - CHEMINS A RAILS DE BOIS DES MINES DE NEWCASTLE. - CHEMINS A RAILS DE FER. - EMPLOI DE LA LOCOMOTIVE DE TREVITHICK ET VIVIAN SUR LE CHEMIN DE FER DE MERTHYR-TYDVIL. - ERREUR THÉORIQUE SUR LA PROGRESSION DES LOCOMOTIVES. - SYSTÈMES DE MM. BLENKINSOP, CHAPMAN ET BRUNTON. - EXPÉRIENCES DE H. BLACKETT. - PROGRÈS DANS LA CONSTRUCTION DES LOCOMOTIVES. - DÉCOUVERTE DE LA CHAUDIÈRE TUBULAIRE PAR M. SÉGUIN AINE. - LE TUYAU SOUFFLANT DES LOCOMOTIVES. - HISTOIRE DE, LA DÉCOUVERTE DE CE MOYEN PUISSANT DE TIRAGE DES CHEMINÉES DES MACHINES A VAPEUR. - CRÉATION DES LOCOMOTIVES ACTUELLES.

Les routes à ornières artificielles, sur lesquelles Trevithick et Vivian crurent devoir reléguer leur voiture à vapeur, étaient en usage en Angleterre, depuis longues années. Pour diminuer les effets du frottement considérable que les roues éprouvent sur le sol, on eut, de bonne heure, l'idée de les assujettir à tourner sur des bandes de bois parallèles, disposées sur toute l'étendue de la distance à franchir.

On ignore l'époque précise du premier établissement de ces voies artificielles, qui furent employées pour la première fois, à Newcastle. On sait seulement qu'elles existaient vers la fin du XVIIIe siècle. Un ouvrage publié en 1696, *Vie de lord Keepernorth*, nous fait connaître l'existence, à cette époque, de chemins à rails de bois dans les houillères de Newcastle.

> « Les transports, dit l'auteur de cet ouvrage, s'effectuent sur des rails de bois parfaitement droits et parallèles, établis le long de la route, depuis la mine jusqu'à la rivière ; on emploie sur ce genre de chemin de grands chariots portés par quatre roues, qui reposent sur les rails. Il résulte de cette disposition tant de facilité dans le tirage, qu'un seul cheval peut descendre de quatre à cinq *chaldrons*, ce qui procure aux négociants un avantage immense. »

Cette observation de notre auteur était parfaitement fondée. On comprend sans peine tous les bénéfices que devait fournir, pour l'économie de la force motrice, la substitution d'une surface plane et polie, aux inégalités des routes ordinaires. Aussi l'emploi de ces ornières artificielles donna-t-il les meilleurs résultats dans les mines de Newcastle. Les immenses transports que l'on y faisait, de l'orifice du point de sortie des puits de mines au lieu de chargement, sur la Tyne, rendaient précieux, à divers titres, cet ingénieux système. Un cheval pouvait traîner, sur ces rails, une charge presque triple de celle qu'il transportait sur une route ordinaire.

Les rails employés à cette époque étaient en bois de chêne ou de sapin. Ils avaient ordinairement $1^{m},8$ de longueur, et étaient fixés sur des traverses, placées à $0^{m},60$ les unes des autres.

Les chemins à rails de bois employés à Newcastle, furent adoptés dans quelques gisements houillers des comtés de Durham et de Northumberland, et dans quelques autres provinces de l'Angleterre. Les frais d'établissement et d'entretien étaient considérables, sans doute, mais ils étaient bientôt couverts par l'économie des transports.

Ce genre de chemin offrait cependant divers inconvénients. Le frottement des roues usait les rails avec assez de rapidité. Il fallait les renouveler souvent, et comme la voie devait toujours conserver la même largeur, on était obligé de fixer les nouvelles pièces de bois aux mêmes points d'attache ; ce qui amenait une détérioration rapide des traverses. L'action des pieds des chevaux sur le milieu de la route, où les supports se trouvaient à découvert, hâtait encore cette détérioration. Enfin, par suite de la flexibilité du bois, les rails cédaient aisément au poids des chariots, et quand la pluie les avait pénétrés, ils offraient une résistance assez prononcée au tirage.

Le peu de résistance et de durée des rails de bois, fit naître l'idée de les revêtir de bandes de fer, dans les parties de la route qui présentaient des courbes ou des pentes trop prononcées.

Ainsi modifié, ce système de transport fut bientôt adopté dans la plupart des exploitations houillères de la Grande-Bretagne. Bien qu'imparfait à divers égards, il fut conservé pendant plus de soixante ans, sans modification notable.

On finit cependant par reconnaître les avantages que donnaient, pour la diminution du frottement, les plaques de fer appliquées sur les rails de bois, en certains points de la route. Cette observation suggéra l'idée de généraliser l'emploi du fer, et de remplacer, sur toute l'étendue du chemin, les rails de bois par des bandes métalliques.

Aux madriers ferrés on substitua donc des rails coulés en fonte. Cette amélioration fut essayée pour la première fois en 1738, et adoptée trente ans après, d'une manière définitive. C'est ce qui résulte du passage suivant d'un recueil scientifique anglais.

> « En 1738, est-il dit dans ce recueil, les rails de fonte furent, pour la première fois, substitués aux rails de bois ; cet essai ne réussit pas complètement, parce que l'on continua à employer les chariots de forme ancienne, dont la charge était trop forte pour la fonte. Néanmoins, vers 1768, on eut recours à un moyen fort simple, on construisit un certain nombre de chariots de plus petite dimension, on les joignit ensemble, et en divisant ainsi la charge, on détruisit la cause principale du peu de succès de la première tentative[2]. »

Cette heureuse innovation de l'emploi de la fonte fut réalisée en 1768, par l'ingénieur William Reynolds, l'un des propriétaires de la grande fonderie de Colebrook-Dale, dans le Shropshire.

Les rails de fonte employés par Reynolds, présentaient à l'extérieur un rebord saillant destiné à fixer et à maintenir la roue du wagon de manière à l'empêcher de sortir de la voie. Mais la poussière ou la boue du chemin s'accumulaient entre ce rebord et le rail, et amenaient ainsi, sur les routes ferrées, une partie des inconvénients des routes ordinaires.

En 1789, sur le chemin de fer des mines de Loughborough, Jessop remplaça les rails à rebord par des rails droits, c'est-à-dire par une simple bande de fer. Seulement, pour assurer le maintien du wagon sur le rail, on arma les roues d'un rebord saillant d'un pouce de largeur, ce qui les retenait invariablement dans cette sorte d'ornière artificielle formée aux dépens de la roue même du wagon.

Depuis 1789 jusqu'à l'année 1811, tous les rails employés en Angleterre, pour le service des mines, furent construits d'après ce principe. Le seul perfectionnement que les voies ferrées présentèrent depuis cette époque, consista dans la substitution du fer à la fonte. La fabrication du fer ayant reçu dans cet intervalle, en Angleterre, des perfectionnements qui eurent pour effet d'abaisser de beaucoup le prix de ce métal, cette substitution importante put être enfin réalisée. La malléabilité et la ténacité du fer, comparées à celles de la fonte, offraient des conditions précieuses pour la résistance et la solidité des rails.

C'est George Stephenson qui adopta le premier les rails de fer.

Les chemins de fer ainsi construits, existaient en assez grand nombre en Angleterre, dans les mines de houille, lorsque Trevithick et Vivian obtinrent leur brevet pour l'emploi des voitures à vapeur sur les routes ferrées existant à l'intérieur et hors des mines de houille. Leur locomotive, qui fut adoptée en 1804, sur le chemin de fer des mines de Merthyr-Tydvil, ne différait que fort peu d'ailleurs, de la diligence à vapeur qu'ils avaient construite précédemment pour les routes ordinaires. Elle se composait d'un seul cylindre disposé

2 *Transactions Highland Society*, Vol. VI, p. 7.

horizontalement. Le piston transmettait son mouvement aux roues, à l'aide d'une bielle et de deux engrenages.

Trevithick et Vivian recommandaient, dans leur brevet, de garnir de quelques aspérités ou rainures transversales, la jante des roues de la locomotive, afin de provoquer plus de frottement, et de remédier ainsi au glissement de la roue sur la surface polie du rail. Ils proposaient même, quand la résistance serait considérable, de placer, sur la circonférence des roues, une sorte de cheville, ou de griffe, ayant prise sur le sol.

En effet, tous les savants admettaient à cette époque, que la principale difficulté qui devait s'opposer à l'emploi des locomotives sur les chemins de fer, consistait dans le défaut d'adhésion des roues sur le rail : on pensait que la surface unie de ces bandes métalliques n'offrait pas assez de frottement pour que la roue put y trouver une prise suffisante, et l'on concluait que l'action de la vapeur aurait seulement pour effet de faire tourner les roues sur place sans entraîner leur progression : « Entre deux surfaces « planes, disent Trevithick et Vivian, dans un « mémoire sur ce sujet, l'adhésion est trop « faible ; les voitures sont exposées à glisser, « et la force d'impulsion est perdue. » C'est pour cela qu'ils recommandaient de rendre, autant que possible, inégale et raboteuse la jante des roues de leur locomotive.

Fig. 125. — Locomotive à crémaillère de Blenkinsop.

Cette idée inexacte avait été émise par suite d'une simple vue de l'esprit, et sans aucune expérience préalable. Adoptée sans autre examen par tous les ingénieurs, elle constitua dès ce moment, l'obstacle devant lequel la science des chemins de fer resta stationnaire. Cette aberration des savants fournit un exemple singulier des conséquences fâcheuses auxquelles peut conduire une opinion théorique formée hors du domaine de l'expérience. Depuis la construction de la première locomotive de Trevithick, tous les efforts des praticiens s'appliquèrent à triompher d'une difficulté imaginaire, et l'on fut ainsi amené à toute une série d'inventions malheureuses et de créations bizarres dont nous abrégerons la triste nomenclature.

C'est ainsi qu'en 1814, M. Blenkinsop, directeur du chemin de fer des houillères de Middleton, imagina un système de locomotive dans lequel les roues n'avaient plus d'autre fonction que de supporter l'appareil moteur. L'un des rails AB (fig. 125), était pourvu de dents, et sur cette crémaillère venait engrener une roue dentée, mise en mouvement, à l'aide d'une tige articulée D, par le piston de la machine à vapeur.

Ces dentelures devaient, on le comprend sans peine, augmenter singulièrement les effets du frottement et de la résistance. Cependant le système Blenkinsop servit plus de douze années aux transports de la houille.

En 1812, William et Edward Chapman tentèrent de substituer à la crémaillère de Blenkinsop, un système nouveau. Ils placèrent au milieu de la voie, et de distance en distance, divers points fixes, sur lesquels le convoi était remorqué par une machine à vapeur, à l'aide d'une corde qui s'enroulait sur une espèce de tambour ; le câble était détaché aussitôt que le convoi était arrivé à chacun des points fixes échelonnés sur la route.

Ce procédé de remorquage fut quelque temps employé sur le chemin de fer de Heaton près Newcastle. C'est par ce système que fonctionna le premier chemin de fer établi en France, celui des mines de Saint-Étienne.

En 1813, un ingénieur, M. Brunton, alla même jusqu'à essayer de faire agir la puissance de la vapeur, non sur les roues de la locomotive, mais sur des espèces de béquilles mobiles, qui pressant contre le sol et se relevant ensuite comme la jambe d'un cheval, poussaient en avant la voiture. La figure 126 représente ce que l'on a appelé la *locomotive à béquilles de Brunton* : du cylindre A de la machine à vapeur partait une tige AB, qui portait contre le sol, et à certains moments se relevait par le jeu du levier AC. Ce mécanisme poussait la locomotive en avant, comme un bateau est poussé, au moyen d'un levier que l'on

Fig. 126.— Locomotive à béquilles de Brunton.

appuie fortement sur le fond d'une rivière. Il y avait dans cette étrange disposition de quoi briser en mille pièces, par suite des secousses, les plus robustes machines. Un accident arrivé à la chaudière empêcha de continuer les essais.

On aurait pu longtemps encore, tourner, sans de meilleurs résultats, dans le cercle de ces difficultés imaginaires. Heureusement On se décida à finir par où l'on aurait dû commencer.

En 1813, un ingénieur, M. Blackett, mieux avisé que le reste de ses confrères, se proposa de rechercher quel était le degré d'adhérence des roues d'une locomotive sur la surface des rails, et de déterminer, par expérience, la quantité de force que faisait perdre le glissement de la roue.

Le hasard vint à son aide, car les rails du chemin de fer de Wylam, sur lequel il entreprit ses recherches, étaient plats et d'une grande largeur, au lieu d'offrir la section elliptique et la faible surface que présentaient alors la plupart des rails établis dans les mines de l'Angleterre.

Grâce à cette particularité, et peut-être aussi par l'effet du poids considérable de la locomotive dont il faisait usage, M. Blackett fut amené à reconnaître qu'en raison des aspérités qui existent toujours sur la surface du fer, quelque unie qu'elle soit par le frottement, les roues de la locomotive peuvent mordre suffisamment sur le rail pour y prendre un point d'appui. Il constata par une série d'expériences, que le poids de la locomotive suffit pour déterminer l'adhésion des roues, s'opposer à leur rotation sur place, et provoquer ainsi la marche des plus lourds convois.

La légende qui représente Archimède s'élançant, à demi nu, dans les rues de Syracuse, en criant : *Eurêka* ! est assurément controuvée ; mais on nous dirait qu'à la vue du résultat de ses expériences, l'honorable M. Blackett se livra à un pareil accès de joie et de folie, nous le croirions sans trop de peine. En effet, l'obstacle si grave, qui arrêtait depuis dix ans la science des chemins de fer, venait de disparaître en un moment, et les locomotives, qui n'avaient été admises sur les chemins à rails qu'à contre-coeur et comme pis aller, étaient en mesure de fournir, dans un intervalle prochain, des résultats devant lesquels l'imagination aurait reculé jusqu'à cette époque.

Moins d'une année après les expériences de M. Blacket, c'est-à-dire en 1814, la première locomotive qui ait fonctionné avec avantage sur des rails de fer, sortait des ateliers de Georges et Robert Stephenson, à Newcastle, pour servir au transport des houilles des mines de Killingworth jusqu'au lieu d'embarquement. Pour assurer l'adhérence des roues contre les rails, Georges Stephenson avait donné à la locomotive un poids considérable, et pour profiter de l'adhérence de ces trois roues, il les avait reliées entre elles au moyen d'une chaîne.

Fig. 127. — Une mine de charbon à Newcastle,
avec des wagons traînés par des chevaux sur des rails de bois.

La figure 129 fera comprendre les dispositions essentielles de la locomotive de George et Robert Stephenson, que l'on a désigné sous le nom de *locomotive à chaîne sans fin.*

Les trois roues du véhicule sont accouplées par une chaîne sans fin ABCD, qui passe sur trois roues dentées E, F, G, montées sur le milieu de l'essieu de chaque roue. Ces trois roues dentées, entraînées par le mouvement de la chaîne, font tourner les roues elles-mêmes I, K de la locomotive, en produisant une forte adhérence, et par conséquent la progression. Au-dessus de la chaudière sont placés deux cylindres à vapeur H, H dont les pistons LM, qui se meuvent en ligne droite, venait agir, au moyen d'une traverse (que l'on a supprimée sur la figure 129, pour montrer l'intérieur de la chaudière), sur un levier fixé aux roues I, J, K, font tourner ces deux roues. Les manivelles de l'un des essieux étaient croisées par rapport à celles des autres essieux, pour éviter ce temps d'arrêt que l'on appelle en mécanique le point mort.

Dans cette locomotive, la chaudière était supportée d'une manière fort bizarre, et qui se voit très bien sur la figure 129. Elle était suspendue sur trois petits pistons, qui étaient pressés de haut en bas, tout à la fois par le poids du liquide et la pression de la vapeur.

Stephenson ne tarda pas à abandonner ce mode étrange de suspension de la chaudière. Il la fit supporter par de simples ressorts d'acier semblables à ceux qui supportent les caisses de nos voitures.

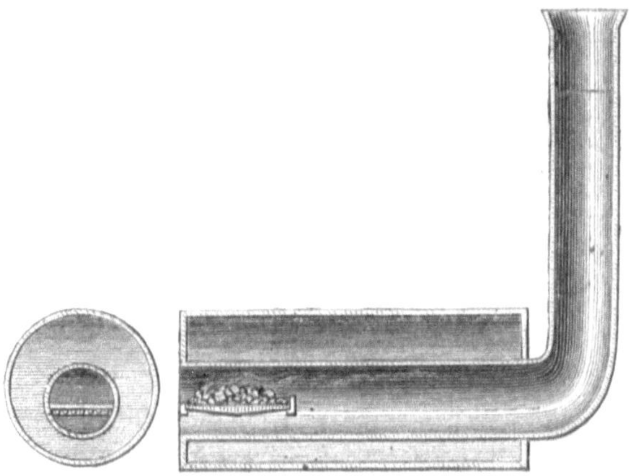

Fig. 128. — Chaudière de la locomotive de Stephenson.

Pour faire comprendre la disposition du foyer dans cette locomotive primitive de George Stephenson, nous représentons à part (fig. 128), cette chaudière et le foyer, vus en coupe. On voit que le foyer était placé à peu près aux deux tiers, et à l'intérieur de la chaudière. La forme de cette chaudière était cylindrique. Elle avait 2^{m},44 de long sur 1^{m},80 de diamètre, et le foyer cylindrique qui occupait une partie de sa capacité, avait 0^{m},50 de diamètre.

Ces dispositions de la première locomotive qui ait circulé sur des rails de fer, étaient assurément fort imparfaites. Peut-être s'étonnera-t-on de cette imperfection, si l'on considère qu'à cette époque, les machines à vapeur fixes, tant à haute qu'à basse pression, avaient reçu toute la puissance et la commodité désirables, et que l'on avait déjà fort heureusement réalisé l'application de la vapeur à la propulsion des bateaux. Mais il ne faut pas oublier combien était difficile l'application de la vapeur comme moyen de locomotion sur des rails. D'abord, on ne pouvait, comme sur les bateaux où les poids s'équilibrent par le déplacement de l'eau, ajouter des masses de fer ou d'autres métaux, destinés à consolider l'appareil, ou à supporter les ébranlements et les chocs résultant de la marche. En second lieu, la force mécanique dont on pouvait disposer, était très limitée. Elle était limitée aux dimensions de la chaudière, qui ne pouvait fournir qu'une quantité de vapeur proportionnelle à la surface offerte à l'action du feu. En plaçant le foyer dans l'axe de la chaudière, enveloppée de toutes parts par l'eau, Stephenson avait augmenté, autant qu'il l'avait pu, cette surface ; mais la quantité de vapeur ainsi produite, était encore médiocre, et par conséquent, la puissance mécanique de l'appareil très peu considérable. Ajoutons que les rails dont on faisait usage alors étaient fort légers, ils ne pesaient que 12 à 15 kilogrammes par mètre courant, au lieu de 35 environ qu'ils pèsent aujourd'hui. Il résultait de là qu'on ne pouvait augmenter le poids et la solidité des locomotives sans s'exposer à dégrader ou écraser les rails. Par suite de leur défaut de solidité, les locomotives résistaient mal à l'ébranlement résultant de la progression et se détérioraient assez vite.

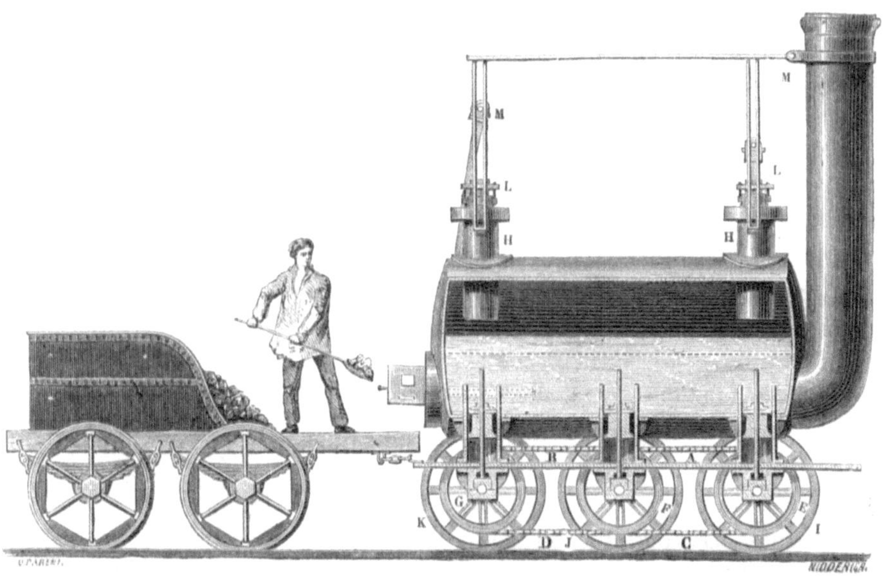

Fig. 129. — Locomotive à chaîne sans fin de Stephenson.

Il faut qu'une locomotive soit relativement légère, pour ne pas endommager les rails, solide pour n'exiger que les réparations d'entretien, et puissante, pour réaliser un effort considérable. A l'époque où fut construite la première locomotive de Stephenson, il était impossible de réaliser aucune de ces trois conditions.

En 1815, George Stephenson, avec le secours d'un ingénieur nommé Dodd, perfectionna sa locomotive, en supprimant, non seulement le mode bizarre de suspension de la chaudière, comme nous l'avons déjà signalé, mais aussi en faisant disparaître la chaîne qui reliait les deux roues. Il remplaça cette chaîne par une barre horizontale, qui rattache l'une à l'autre les deux roues et les rend solidaires. L'accouplement des roues au moyen d'une barre horizontale, imaginé par George Stephenson, a toujours été adopté depuis cette époque, dans les locomotives. Enfin Stephenson et Dodd imaginèrent d'alimenter constamment la chaudière d'eau, au moyen d'une pompe foulante, mise en action par le mécanisme moteur de la locomotive, et qui puisait l'eau dans un réservoir placé sur le chariot d'approvisionnement (tender) attelé à la locomotive.

Ainsi perfectionnée par George Stephenson et Dodd, la locomotive prit la forme que représente la figure 130. DD est la barre d'accouplement qui attache les roues et les rend solidaires. A est la tige du piston qui se meut verticalement. Elle est munie d'une articulation au point E, d'où part une tige EC mobile dans le sens horizontal. Cette tige articulée agissant sur le levier CD de la roue F, met cette roue en action.

Le même effet se produisant sur la roue opposée, et les deux leviers de l'une et de l'autre roue étant placés au point mort, on comprend que la progression du véhicule soit continue.

Fig. 130. — Locomotive à roues couplées de Stephenson.

Ces locomotives furent employées de 1814 à 1825 environ, sur le chemin de fer des usines Killingworth. Elles servirent ensuite à traîner les convois de charbon sur le chemin de fer de Darlington à Stockton.

Ce chemin de fer avait 61 kilomètres de longueur, et était pourvu d'une double voie, sur les deux tiers de son parcours. Il avait nécessité une dépense de 430,000 francs par kilomètre. Autorisé en 1821, il fut ouvert en 1825. A l'origine, on employait les chevaux pour remorquer les wagons. Mais la locomotive récemment perfectionnée par Stephenson et Dodd , ne tarda pas à être substituée aux chevaux. En même temps, on fit servir au transport des voyageurs cette voie ferrée, qui n'avait été construite, dans l'origine, que pour le transport du charbon. Cependant, par suite de la faiblesse de la machine, les convois ne marchaient qu'avec beaucoup de lenteur. Ils employaient ordinairement quatre heures à parcourir la distance de sept lieues qui sépare la plaine de Brusselton de la ville de Stockton. Au retour, les chariots vides mettaient cinq heures à faire le même trajet, en raison d'une faible pente qu'il fallait remonter.

Les chemins de fer commençaient donc à rendre quelques services à l'industrie : ils servaient à transporter la houille et certaines marchandises avec plus d'économie que le roulage. Mais ce système était encore dans l'enfance. Il ne pouvait fonctionner qu'avec une lenteur extrême, et rien n'annonçait les prodiges qu'il devait réaliser dans un délai peu éloigné.

Par quel coup de baguette magique cette invention, languissante depuis son origine, subit-elle la transformation inespérée dont nous admirons aujourd'hui les résultats ? Comment les locomotives, qui n'avaient pu servir encore qu'au transport des marchandises, se trouvaient-elles, une année après, susceptibles de s'appliquer au transport des voyageurs, en réalisant une vitesse qui, jusqu'à ce moment, aurait paru fabuleuse ?

Cette révolution fut opérée tout entière par une simple modification apportée à la forme des chaudières des locomotives. La découverte des chaudières tubulaires vint changer brusquement la face des chemins de fer, car son application permit d'obtenir immédiatement, sur ces voies artificielles, une vitesse de douze lieues à l'heure. Ce ne sera pas pour notre pays un faible titre de gloire : cette découverte mémorable appartient à un ingénieur français, à Marc Séguin.

Le chemin de fer de Saint-Étienne à Lyon dont nous avons raconté plus haut l'établissement et esquissé la physionomie, devait être desservi tout à la fois par des chevaux, par des machines à vapeur fixes remorquant les convois sur les pentes trop raides, enfin par des locomotives. L'art de construire les locomotives ne s'était pas encore introduit en France ; la compagnie du chemin de fer de Saint-Étienne avait donc fait acheter, en 1829, deux locomotives à Manchester, dans les ateliers de Stephenson. L'une d'elles fut envoyée, comme objet d'étude, à M. Hallette, constructeur de machines à Arras ; l'autre fut amenée à Lyon, pour servir de modèle à celles que devait y faire construire M. Séguin aîné (Marc Séguin), directeur du chemin de fer de Saint-Etienne, pour les appliquer au service de cette voie ferrée.

A la suite des différents essais auxquels ces machines furent soumises, on reconnut que leur vitesse moyenne ne dépassait pas six kilomètres à l'heure. C'est alors que M. Séguin, frappé de l'insuffisance de cette vitesse, fut amené à en rechercher la cause.

Le vice de la locomotive de Stephenson résidait, comme il le reconnut, dans la forme de la chaudière.

La force d'une machine à vapeur dépend de la quantité de vapeur qu'elle produit dans un temps donné. Or, comme nous l'avons vu, la quantité de vapeur fournie par une chaudière, est proportionnelle à l'étendue de la surface que celle-ci présente à l'action du feu. Dans la chaudière de Stephenson, cette surface était insuffisante, car le foyer, placé dans l'axe de la chaudière, ne pouvait agir que sur la partie cylindrique qui l'enveloppait. Le problème du perfectionnement des locomotives consistait donc à accroître la quantité de vapeur fournie par le générateur, sans augmenter ses dimensions au-delà de certaines limites.

M. Séguin donna une solution des plus extraordinaires et des plus brillantes de cette grave difficulté. Il fit traverser la chaudière par une certaine quantité de tubes d'un petit diamètre, dans l'intérieur desquels venaient circuler l'air chaud et la fumée qui s'échappaient du foyer. La surface offerte à l'action du feu devenait ainsi infiniment considérable : avec un générateur de dimensions ordinaires, on pouvait offrir une surface de plus de 150 mètres à l'action de la chaleur. L'air chaud, traversant ces tubes, vaporisait rapidement l'eau qui remplissait leurs intervalles, et provoquait, dans un temps très court, le développement d'une énorme quantité de vapeur.

Les chaudières des premières locomotives de M. Séguin contenaient quarante-trois de ces tubes ; on ne tarda pas à les porter jusqu'à soixante-quinze, et plus tard jusqu'à cent, et même cent vingt-cinq.

Il restait cependant une autre difficulté à surmonter. On ne pouvait employer sur les locomotives, que des cheminées d'une hauteur médiocre, car les longues cheminées en usage dans nos usines, pour activer la combustion, auraient compromis la stabilité de tout le système, et obligé d'accroître au delà de toute proportion raisonnable, les dimensions des ponts et des souterrains traversés par les convois. Or, il était à craindre qu'avec de courtes cheminées, le tirage ne s'établît qu'avec beaucoup de peine au milieu de cette longue série de tubes étroits traversés par le courant d'air chaud. M. Séguin surmonta cette difficulté en disposant devant le foyer, un ventilateur, destiné à provoquer un tirage artificiel. Ce ventilateur, mis en mouvement par la machine elle-même, fut d'abord placé sous le foyer ; on le transporta ensuite dans la cheminée.

> « Le plus grand obstacle que j'entrevoyais, dit M. Séguin aîné[3], à l'accomplissement de mon projet, était la faculté de parvenir à obtenir, dans le foyer, un courant d'air assez fort pour déterminer les produits de la combustion à passer au travers des tubes qui remplaçaient la cheminée de la chaudière. Je craignais que la faiblesse de leur

3 *De l'influence des chemins de fer, et de l'art de les tracer et de les construire*, in-8°, p. 429.

diamètre, en augmentant les surfaces, ne causât assez de retard dans la marche de l'air pour anéantir entièrement le tirage. Il fallait donc avoir recours à un moyen d'alimentation artificielle absolument indépendant du tirage de la cheminée. C'est ce que j'obtins au moyen des ventilateurs à force centrifuge ; après quelques essais, je parvins à produire jusqu'à 1 200 kilogrammes de vapeur à l'heure, en employant des chaudières de 3 mètres de longueur sur 0^{m},80 de diamètre, renfermant 43 tuyaux de 0^{m},04 de diamètre. »

M. Marc Séguin obtint en France, au mois de février 1828, un brevet d'invention pour ses chaudières tubulaires, et en décembre 1829, un autre brevet pour son ventilateur mécanique. Mais ce ventilateur était peu commode et entraînait divers inconvénients.

L'important problème d'activer le tirage de la cheminée des locomotives, trouva bientôt une solution infiniment plus heureuse. Au lieu de provoquer le tirage par un ventilateur, on dirigea dans l'intérieur du tuyau de la cheminée, la vapeur à haute pression qui s'échappe des cylindres, après avoir produit son effet mécanique, vapeur que l'on avait jusque-là rejetée dans l'atmosphère.

Ce moyen active le tirage du foyer parce que l'air du tuyau, sans cesse entraîné par le jet de vapeur, est remplacé aussitôt, par l'air qui arrive du foyer. La vapeur qui s'échappe, exerce donc sur l'air du foyer une sorte d'aspiration, qui produit un tirage d'une très grande énergie. On appelle tuyau soufflant le tube qui injecte dans les cheminées la vapeur sortant des cylindres.

Il est impossible de connaître exactement l'auteur de cette idée admirable, dont on a tiré un si grand parti de nos jours. Comme toutes les grandes inventions familières, telles que la charrue, la balance, le moulin à vent, le cadran solaire, le cabestan, la navette du tisserand, les lampes, les phares, le rouet, la manivelle du rémouleur, etc., cette idée se perd dans la nuit des âges écoulés. L'architecte romain Vitruve signale, dans son ouvrage, l'emploi d'un jet de vapeur, pour produire un courant d'air, et c'est d'après lui que Philibert Delorme, dans son *Architecture*, recommande, pour pousser la fumée dans les cheminées, de placer à quatre ou cinq pieds du foyer, un vase sphérique contenant de l'eau en ébullition, lequel, dit-il, « par l'évaporation de l'eau, causera un tel vent qu'il n'y a si grande fumée qui n'en soit chassée par le dessus[4]. »

4 Voici le texte de Philibert Delorme, au chapitre VIII du livre IX de son *Architecture* :
« *Autre remède et invention contre les fumées.* — Par une autre invention, il serait très bon de prendre une pomme de cuivre ou deux, de la grosseur de 5 à 6 pouces de diamètre ou plus, et ayant fait un petit trou par le dessus, les remplir d'eau, puis les mettre dans la cheminée, à la hauteur de 4 à 5 pieds ou environ, afin qu'elles se puissent échauffer quand la chaleur du foyer parviendra jusqu'à elles, et par l'évaporation de l'eau causera un tel vent qu'il n'y a si grande fumée qui n'en soit chassée par le dessus. Ladite chose aidera aussi à faire flamber et allumer le bois étant au feu, ainsi que Vitruve le montre au sixième chapitre de son premier livre. » (Page 270 bis de l'édition de 1597.) La petite pomme de cuivre dont parle ici Philibert Delorme, n'était autre chose que l'éolipyle, instrument de physique amusant, et qui n'a jamais reçu, sous cette forme, une application sérieuse.

C'est à un ingénieur français, nommé Mannoury-Dectot, que sont dues les premières notions exactes que l'on ait eues, dans notre siècle, sur cet important objet. Après avoir reconnu les propriétés d'entraînement que possède un jet rapide d'un fluide quelconque, tel que de l'eau, de l'air ou de la vapeur, cet ingénieur construisit diverses machines qui devaient leur mouvement à un courant d'air rapide, déterminé lui-même par l'injection d'un jet de vapeur à haute pression dans un tube d'un plus grand diamètre.

Une de ces machines de Mannoury-Dectot consistait en une danaïde, ou sorte de turbine, dont les palettes étaient sollicitées par un rapide courant d'air, provoqué par l'injection d'un jet de vapeur à haute pression dans un tube d'un diamètre plus considérable.

Cet ingénieur décrit même un soufflet à vapeur, formé d'un faisceau de tubes soudés à l'extrémité extérieure d'une buse de forge, et dans chacun desquels s'engage, d'une petite quantité, un tube effilé, lançant un jet de vapeur très rapide. Les jets de vapeur déterminent un courant d'air dans chaque tube, et font entrer une très grande quantité d'air dans la buse.

> « Avec sept ajutages à vapeur ayant un orifice d'une demi ligne de diamètre, correspondant à un même nombre de tubes de six lignes de diamètre et un pied de longueur, on formerait un appareil qui fournirait abondamment le vent à un fourneau capable de fondre deux mille livres de fonte de fer par heure[5]. »

Le physicien Pelletan, employa, en 1830, l'injection de la vapeur dans la cheminée, comme moyen d'activer le tirage, sur différentes machines à vapeur, et notamment sur le bateau à vapeur la Ville-de-Sens, qui faisait le service de la haute Seine.

L'emploi du jet de vapeur dans la cheminée, pour activer le tirage, était donc connu de temps presque immémorial. George Stephenson eut le mérite de l'appliquer aux locomotives.

Il faut ajouter que ce moyen fut employé, à peu près à la même époque, par le constructeur Hackworth, l'un des concurrents de Stephenson, dans le tournoi de locomotives de Liverpool, le même qui imagina de disposer les cylindres à vapeur non au-dessus de la chaudière, comme on le voit sur les dessins que nous avons donnés de la première locomotive, mais latéralement à cette chaudière, à peu de distance des roues. Bien plus, Hackworth avait établi deux jets de vapeur dans la cheminée, l'un qui provenait de la vapeur sortant des cylindres, l'autre emprunté directement à la chaudière.

Cette coïncidence prouve que l'emploi du jet de vapeur était dans le domaine public. Seulement, George Stephenson eut, nous le répétons, le très grand

5 *Guide du mécanicien constructeur de machines locomotives*, par Lechâtellier, Flachat, Petiet et Polonceau, p. 12.

mérite de le vulgariser et de le faire accepter partout. La belle invention de Marc Séguin n'aurait peut-être porté que très lentement ses fruits, si l'Angleterre, pressée par les besoins de son immense industrie, ne s'en fut emparée, et n'eût ainsi rendu son utilité évidente à tous les yeux.

Les chaudières tubulaires furent adoptées en 1830 par Stephenson, en même temps que le tuyau soufflant ; et ce sont ces deux moyens qui ont surtout contribué à donner à la machine locomotive la puissance extraordinaire et la vitesse qui la distinguent aujourd'hui.

On voit que George Stephenson composa la locomotive par une suite d'emprunts heureux. A la France, il avait demandé la chaudière tubulaire, qui seule pouvait rendre possible l'emploi d'une machine à vapeur sur les chemins de fer ; dans le domaine public, il avait trouvé l'idée du tuyau soufflant, le seul mode de tirage qui pût rendre très efficace l'emploi de la chaudière tubulaire ; pour le reste des dispositions, il conserva les organes principaux qui figuraient dans le premier modèle connu de locomotive, que Dodd d'une part et Hackworth de l'autre avaient perfectionné avec quelques avantages. Comme Molière, George Stephenson prenait son bien où il le trouvait.

Fig. 131. — George Stephenson.

En disant que George Stephenson composa par une suite d'emprunts heureux, la machine locomotive, nous ne prétendons point diminuer sa gloire, ni porter atteinte à la juste reconnaissance que lui devra la postérité.

George Stephenson n'était, dans sa jeunesse, qu'un simple ouvrier chauffeur ; mais sous la veste du chauffeur, il y avait un homme de génie.

Né en 1781, à Wyglam, petit village situé à quelques lieues de Newcastle-sur-Tyne, au milieu des mines de houille qui abondent dans cette partie de l'Angleterre, il appartenait à une famille d'ouvriers très misérables, qui travaillaient, comme mineurs, au fond des houillères de Newcastle.

A peu près abandonné à lui-même, par suite de l'extrême dénuement de ses parents, l'enfant se fit berger. Il allait garder dans les champs, les troupeaux que l'on voulait bien lui confier.

Dans ses nuits solitaires, le petit pâtre contemplait avec un ravissement secret, le déplacement des corps célestes. L'admirable régularité de leurs mouvements, éveillait dans sa jeune âme, de confuses aspirations de science, un vague désir de connaître l'univers et les forces qui le régissent.

A quatorze ans, George Stephenson échangea son métier de pâtre contre le métier, plus dur et plus pénible encore, de chauffeur de machine à vapeur dans une usine.

Fig. 132. — Robert Stephenson.

Tout en jetant sous la chaudière ses pelletées de charbon, il s'inquiétait du mécanisme d'un appareil aussi puissant. Étant bientôt parvenu à en comprendre tous les organes, il demanda et il obtint la faveur de nettoyer la machine, c'est-à-dire de démonter et de remonter tous ses rouages.

Il se fit connaître ainsi, dans la contrée, comme l'ouvrier le plus expert et le plus adroit pour réparer les machines à vapeur ; et bientôt les usines voisines lui fournirent une petite clientèle pour ce genre de travail.

A force de mérite et d'application, il finit par attirer sur lui l'attention de ses chefs ; et sans aucune instruction première, par la seule puissance de son intelligence, il réussit à s'élever, dans la hiérarchie industrielle, à des positions de plus en plus importantes.

S'étant marié, il eut un fils, sur lequel se portèrent toutes les affections de son âme impressionnable.

George Stephenson avait compris, en se heurtant aux mille difficultés d'une carrière si épineuse, combien lui avait été nuisible le défaut de certaines connaissances scientifiques, qui sont la base de toute carrière industrielle ; et

Fig. 133. — George Stephenson, ouvrier chauffeur à Newcastle, démonte et répare sa machine à vapeur.

pour aplanir à son jeune fils Robert, les obstacles qui avaient retardé et attristé son chemin, il passait les nuits à raccommoder des montres, pour payer les leçons qu'il faisait donner à son fils. Souvent, en se rendant à leur chantier, au lever du jour, les ouvriers de l'usine voyaient une lumière briller encore dans la petite chambre des deux Stephenson. L'aube matinale surprenait ce père tendre et dévoué, s'occupant encore avec ardeur à son pieux ouvrage.

C'est George Stephenson qui créa le chemin de fer de Darlington à Stockton, et construisit les locomotives qui servaient au transport de la houille sur cette première voie ferrée.

Il adopta, le premier, le fer malléable, au lieu de la fonte, pour la confection des rails. Ingénieur de la compagnie du *railway* de Manchester à Liverpool, c'est à lui que revient la gloire d'avoir créé, à travers des difficultés sans nombre et des obstacles inouïs, le premier chemin de fer à grande vitesse, lequel servit ensuite de modèle pour l'exécution de tous les autres chemins de fer de l'Europe. Parvenu, par ses immenses travaux, aux positions les plus élevées du royaume, George Stephenson obtint encore la plus douce des récompenses. Ces leçons qu'il faisait donner à son fils, grâce au travail de ses nuits, avaient porté tous leurs fruits. Robert Stephenson prit part aux travaux de son père, qui l'associa à ses entreprises.

Cette association devait produire d'excellents résultats. George Stephenson y apportait le tribut de sa longue expérience de praticien, et Robert ses vastes connaissances de théoricien. Robert Stephenson avait participé aux recherches de son père concernant les locomotives, et c'est lui-même qui construisit l'admirable locomotive la *Fusée*, qui obtint le prix au concours de Liverpool.

Robert Stephenson, mort en 1859, fut le premier des ingénieurs des chemins de fer, et le plus important constructeur de locomotives de l'Angleterre. Il a attaché son nom à la création d'un grand nombre de lignes de chemins de fer, non seulement en Angleterre, mais dans divers pays étrangers, tant en Europe qu'en Asie et en Afrique. Membre du Parlement, placé parmi les sommités du pays, il disposa d'un crédit immense, dû à sa position et à son mérite. Mais au milieu des honneurs qui l'environnaient, ce dont il se glorifiait avant tout, c'était d'être fils de George Stephenson, le pauvre ouvrier chauffeur, qui passait ses journées dans le travail de l'usine, et consacrait ses nuits à réparer des montres, afin de pourvoir aux frais de l'instruction de son fils.

Honnêtes artisans, jeunes hommes de labeur manuel ou d'études libérales — que votre main tienne la charrue, ou qu'elle porte le dur fusil de la conscription — qu'elle fasse manœuvrer l'outil fatigant de l'atelier, ou qu'elle dirige la plume, outil de la pensée — qu'elle plie sous le joug de l'état, ou sous le joug d'un patron exigeant et sévère — vous qui, débutant dans la carrière, légers de ressources, mais animés du vif désir d'apprendre et de perfectionner vos connaissances, vous imposez des sacrifices, pour lire et étudier cet ouvrage, espérant y trouver une instruction spéciale ; dans vos jours de tristesse ou de fatigue, aux heures de découragement et d'anxiété, invoquez, pour relever votre âme abattue, le souvenir du misérable mineur, devenu le personnage le plus important de l'Angleterre, et ce qui vaut mieux encore, un bienfaiteur de l'humanité.

Apprenez, par l'histoire de sa vie, à quoi peuvent conduire, dans la société moderne, l'application obstinée à l'étude et la continuité dans l'accomplissement du devoir. Ayez, en un mot, devant les yeux, comme modèle, comme guide et même comme espérance, le petit berger, le pauvre ouvrier chauffeur, de Newcastle-sur-Tyne !

Moins brillante que celle de George Stephenson, la carrière de Séguin n'a pas été moins utile.

Né à Annonay, en 1786, Marc Séguin trouva dans son oncle Montgolfier, l'inventeur des aérostats, le meilleur et le plus dévoué des maîtres. Montgolfier s'attacha à développer ses heureuses dispositions.

Dès l'année 1820, Marc Séguin se distingua dans les constructions civiles, par l'exécution du pont suspendu de Tournon, construction en fil de fer, qui ne coûta que le tiers de ce qu'aurait coûté un pont en pierre. Plus de quatre cents ponts de cette espèce ont été, construits, depuis cette époque, en des localités bien différentes. Les ponts en fil de fer inventés par Séguin aîné, sont le moyen le moins coûteux de traverser les rivières.

En 1825, Marc Séguin, associé avec ses frères et avec le fils de Montgolfier, fit les premières tentatives de navigation à vapeur sur le Rhône. C'est alors qu'il essaya, pour la première fois, sur un bateau à vapeur, sa chaudière tubulaire.

Les frères Séguin avaient obtenu, comme nous l'avons dit, la concession du chemin de fer de Saint-Etienne à Lyon. Marc Séguin y fit usage de sa chaudière tubulaire, qu'il avait fait breveter en 1828.

Nos bons voisins, les Anglais, qui veulent accaparer à leur profit toute invention et toute gloire, se sont plus d'une fois hasardés à attribuer l'invention des chaudières tubulaires à M. Booth, secrétaire de la compagnie du chemin de fer de Liverpool à Manchester. Cette prétention, qui n'est fondée sur aucune preuve, ne vaut pas la peine d'être réfutée.

On a voulu revendiquer, en France, l'honneur de cette invention capitale pour Charles Dallery, dont nous avons longuement raconté les travaux, dans la notice sur les bateaux à vapeur, et qui prit en 1803, comme nous l'avons dit, un brevet pour une chaudière tubulaire, destinée aux bateaux à vapeur. Cette chaudière est décrite dans le mémoire de Dallery que la *Collection des brevets d'invention expirés* se borne à mentionner sous le titre vague de *Mobile perfectionné appliqué aux voies de transport.*

La chaudière de Charles Dallery ne fut jamais exécutée. Son invention, qui resta ignorée jusque dans ces derniers temps, ne put donc exercer aucune influence sur la découverte de la chaudière des locomotives, munie de tubes à feu.

Il ne faut pas oublier, d'ailleurs, qu'il existe deux espèces de chaudières tubulaires. Dans l'une, l'eau se trouve placée à l'intérieur des tubes, et le combustible en dehors ; dans l'autre, l'eau est placée, au contraire, dans les interstices des tubes, et ces derniers sont traversés par le courant d'air chaud qui arrive du foyer. Les chaudières de la première espèce, qui sont connues en physique sous le nom de *chaudières de Perkins*, et dont l'invention revient peut-être à Dallery, donnent tout au plus 300 kilogrammes de vapeur par heure. Celles de la seconde espèce ont donné 1200 kilogrammes de vapeur, ce qui a permis de réaliser immédiatement des vitesses de dix lieues à l'heure.

Fig. 134. — Marc Seguin.

Marc Séguin, en mettant le foyer là où l'on avait songé à placer le liquide, et l'eau à l'endroit où devait se trouver le combustible, a donc le premier résolu le problème pratique dont dépendaient l'existence et la possibilité des locomotives à grande vitesse. Il n'a jamais réclamé l'invention des chaudières tubulaires en général, puisqu'elles étaient déjà connues et désignées, en physique, comme nous venons de le dire, sous le nom de chaudières de Perkins, mais il les a transformées de manière à leur donner une puissance inouïe. Ce serait porter atteinte à l'une de nos gloires nationales, que de disputer au vénérable doyen de l'industrie française, l'invention de la véritable chaudière tubulaire, de la chaudière dite à tubes à feu.

L'exécution du chemin de fer de Saint-Étienne présentait de grandes difficultés. Séguin ne recula pas devant les travaux que nécessitait le tracé de ce chemin, qui fut considéré comme défectueux par beaucoup d'ingénieurs de cette époque, mais qui excita toute l'admiration des deux Stephenson.

En 1842, M. Séguin fut nommé correspondant de la section de mécanique de l'Académie des sciences de Paris. Riche, entouré d'une belle et nombreuse famille, il vit aujourd'hui dans sa retraite d'Annonay, où, malgré ses quatre-vingts ans, il étudie avec ardeur une nouvelle machine qui fonctionnerait toujours avec la même vapeur, à laquelle on restituerait, à chaque coup de piston, la chaleur dépensée pour produire son effet mécanique. En d'autres termes il étudie cette machine à vapeur régénérée dont nous avons parlé dans le dernier chapitre de la notice sur les machines à vapeur.

CHAPITRE III

ORIGINE DU CHEMIN DE FER DE LIVERPOOL A MANCHESTER. - ADOPTION DES MACHINES LOCOMOTIVES POUR LE SERVICE DE CE CHEMIN. - CONCOURS DES LOCOMOTIVES A LIVERPOOL. - LA FUSÉE DE ROBERT STEPHENSON. - ÉTABLISSEMENT DÉFINITIF DES CHEMINS DE FER EN ANGLETERRE.

La création du chemin de Liverpool à Manchester forme la période la plus importante de l'histoire des chemins de fer. C'est à cette époque que la supériorité des locomotives, comme agent de traction sur les voies ferrées, fut constatée pour la première fois. L'établissement de ce premier chemin de fer provoqua la création successive de tous les autres *railways* en Belgique et aux États-Unis et amena finalement l'emploi de ce système de locomotion dans les diverses contrées des deux mondes. Il est donc indispensable de rappeler les circonstances qui firent naître le projet du chemin de fer de Manchester à Liverpool et qui déterminèrent son exécution.

Au commencement du XVIIIe siècle, on lisait l'affiche suivante sur les murs de la Cité de Londres :

« *A partir du 18 avril 1703, ceux qui désirent aller de Londres à York, ou de York à Londres, sont priés de se rendre à l'hôtel du CYGNE NOIR dans Holburne, à Londres, ou dans Cockney-Street à York ; ils y trouveront une diligence qui part les lundi, mercredi et vendredi, et accomplit le voyage entier en quatre jours si Dieu le permet.* »

Il fallait donc quatre jours pour franchir la distance d'environ soixante lieues qui sépare Londres d'York.

En Écosse, à la même époque, toutes les marchandises étaient transportées à dos de cheval.

En 1750, la voiture publique qui faisait le service entre Édimbourg et Glasgow, distants seulement de seize lieues, employait un jour et demi à ce trajet. En 1763, il n'y avait, entre Édimbourg et Londres, qu'une seule voiture, qui mettait quinze jours à faire le voyage.

L'importante route de Liverpool à Manchester, n'était pas placée dans de meilleures conditions, et les lignes suivantes du célèbre agronome, Arthur Young, l'auteur du *Voyageur en France*, du *Voyageur en Irlande*, etc., donneront une idée de son état de viabilité il y a seulement quatre-vingts ans.

> « Je n'ai pas de termes, dit Arthur Young, pour décrire cette route infernale. J'engage très sérieusement les voyageurs que leur mauvaise étoile pourrait conduire dans ce pays, à tout faire pour éviter cette maudite traverse, car il y a mille à parier contre un qu'ils s'y casseront le cou, ou pour le moins un bras ou une jambe. Ils y trouveront à chaque pas des ornières profondes de quatre pieds, et remplies de boue même en été. Je laisse à penser ce que ce doit être en hiver ! Le seul palliatif à un pareil état de choses consiste à jeter, dans ces trous, j'allais dire dans ces précipices, quelques pierres perdues dont l'effet est de secouer horriblement les voitures. Pour ma part, j'ai brisé trois fois la mienne sur ces dix-huit milles d'exécrable mémoire. »

Ce triste état des routes apportait les plus grands obstacles au commerce du pays. Le roulage était d'une lenteur insupportable, et il tenait ses tarifs à un taux si élevé, que l'on ne pouvait y avoir recours que pour des produits offrant beaucoup de valeur sous un faible volume. Le prix des transports de Liverpool à Manchester, par exemple, était de 50 francs par tonne, ce qui représente 90 centimes par kilomètre, ou quatre fois le prix actuel du roulage en France. Il résultait de là que les marchandises lourdes ou encombrantes, telles que le fer ou la houille, ne pouvaient être utilisées que sur les lieux de production, toutes les fois qu'elles ne se trouvaient pas à proximité d'une rivière navigable.

Aussi la plupart des gisements houillers restaient-ils improductifs par suite de ce défaut de voies de communication.

Telle était, par exemple, la condition où se trouvaient les vastes houillères que le duc de Bridgewater possédait à Worsley, à trois lieues de Manchester, et qui restaient inexploitées faute de voies praticables.

Dans ces circonstances, le duc de Bridgewater, homme de savoir et de résolution, entreprit de créer un nouveau système de transports. Secondé par l'habile ingénieur Brindley, il fit creuser le canal qui porte son nom, et qui constitue la première de ces voies de communication artificielles que l'Angleterre ait possédée.

Le plus grand succès couronna cette entreprise, et grâce aux nouveaux débouchés offerts aux produits de ses houillères, le jeune lord accrut considérablement sa fortune.

Excités par cet exemple, un grand nombre de propriétaires de mines firent appel aux capitalistes, pour de semblables entreprises, si bien qu'au bout de quelques années, le magnifique réseau fluvial qui couvre l'Angleterre était terminé dans presque toute son étendue : mille lieues de navigation artificielle étaient livrées à la circulation des marchandises.

L'état déplorable des routes de terre, encore aggravé par le système de péage que le gouvernement avait établi sur les routes améliorées par lui, rendait alors toute concurrence impossible contre la navigation des canaux. Les compagnies n'eurent donc pas de peine à monopoliser le transport des marchandises, et elles réalisèrent bientôt des bénéfices considérables. C'est en vain que dans l'espoir de maintenir dans de justes limites le tarif des transports, le gouvernement autorisa l'établissement de compagnies rivales, pour l'exploitation des canaux. L'intérêt commun fit réunir les anciennes et les nouvelles compagnies, toute concurrence fut détruite, et le commerce fut astreint à des prix exorbitants. On imaginait toutes sortes de moyens pour éluder les prescriptions légales, et c'est ainsi que les propriétaires du Canal de Bridgewater étaient parvenus à percevoir, de Liverpool à Manchester, un péage de 18 francs 75 centimes, malgré le bill qui leur assignait un tarif maximum de 7 francs 50 centimes.

Le commerce toléra longtemps ces exactions. On se rappelait la situation où se trouvait l'industrie manufacturière avant l'établissement des canaux, et l'on aimait encore mieux subir, pour les transports, des tarifs élevés, que de garder ses marchandises en magasin.

Mais ce que l'on ne put supporter avec la même longanimité, ce fut la négligence qui finit par s'introduire dans le service des canaux. Encouragées par les facilités qu'elles trouvaient à réaliser de gros bénéfices, les compagnies poussèrent plus loin les abus. Les transports n'atteignirent pas seulement des prix extravagants, ils furent encore faits avec peu de soin et une lenteur excessive. De 1826 à 1830, de nombreuses pétitions furent adressées au parlement, pour dénoncer ces faits. L'un des pétitionnaires citait plusieurs cas dans lesquels des balles de coton, venues d'Amérique en vingt et un jours, avaient mis un mois et demi pour arriver de Liverpool à Manchester, c'est-à-dire pour faire un trajet de seize lieues.

Cet état de choses parut intolérable, et le mécontentement, longtemps comprimé, fit explosion. Plusieurs meetings furent tenus en diverses villes de l'Angleterre, pour aviser aux moyens de sortir de cette situation..

Une réunion de ce genre, composée d'un nombre prodigieux de personnes, eut lieu à Liverpool, le 20 mai 1826. A la suite de nombreux discours prononcés par divers orateurs, il fut décidé qu'une compagnie serait organisée pour établir, de Liverpool à Manchester, un chemin de fer, destiné à faire concurrence aux trois canaux qui aboutissent à cette dernière ville.

Les compagnies des canaux essayèrent de parer le coup qui les menaçait. Elles se réunirent pour abaisser les tarifs des transports, comme elles s'étaient réunies autrefois pour les élever. Mais il était trop tard. Tous leurs efforts, toutes leurs sollicitations auprès des membres des deux chambres, n'aboutirent qu'à retarder de deux ans la concession du chemin de fer, dont l'établissement fut autorisé par le Parlement, à la fin de 1828.

Dans la pensée des créateurs de l'entreprise, le chemin de fer de Liverpool à Manchester ne devait être consacré qu'au transport des marchandises.

Liverpool, situé sur la Mersey, près de son embouchure dans la mer d'Irlande, est le port d'Angleterre où viennent débarquer le plus grand nombre de bâtiments partis du Nouveau Monde, et Manchester est la grande cité manufacturière où se fabriquent les mille tissus formés des provenances de l'Amérique. Les convois innombrables de marchandises qui, en tout temps, sillonnent cette route, devaient fournir une ample ressource à l'exploitation du futur *railway*. Aussi l'idée n'était-elle venue à personne d'appliquer ce chemin au service des voyageurs. Il devait être desservi par des chevaux.

Au commencement de l'année 1829, le chemin de fer étant sur le point d'être terminé, les directeurs songèrent à fixer le genre de moteur qui serait adopté pour son service.

Déjà, une année auparavant, la compagnie avait envoyé dans les comtés de Northuinberland et de Durham, une commission chargée d'étudier les divers systèmes de chemin de fer qui s'y trouvaient établis pour l'exploitation des mines ; mais la commission était revenue sans pouvoir désigner le moteur le plus avantageux. La seule opinion qu'elle avait émise, c'est que l'activité du mouvement commercial entre Manchester et Liverpool, devait rendre l'emploi des chevaux complètement impraticable. Il ne restait donc plus qu'à choisir entre les locomotives et les machines fixes employées comme remorqueurs.

Deux ingénieurs, MM. Walker, de Lime-house, et Rastrick, de Stourbridge, furent chargés de visiter les chemins de fer de l'Angleterre où l'on faisait usage de locomotives, et ceux qui avaient adopté les machines fixes. Ils eurent pour mission de déterminer exactement la quantité de travail fournie par chacun de ces deux genres de moteurs. Comme résultat de leur examen, MM. Walker et Rastrick exposèrent que les avantages et les inconvénients des deux systèmes paraissaient se balancer ; mais qu'en somme, et sous le rapport des dépenses d'exploitation, les machines fixes semblaient préférables.

Les directeurs du chemin de fer de Liverpool ne se trouvèrent pas suffisamment renseignés par ce rapport. George Stephenson, l'ingénieur de la compagnie, déclarait les locomotives à la fois plus économiques et plus commodes pour le service, et l'on inclinait vers cette opinion.

L'un des directeurs, M. Harrison, eut alors la pensée de faire décider cette grave question par un concours public, dans lequel tous les constructeurs anglais seraient appelés à produire diverses machines applicables au transport sur une voie ferrée. Un prix de 500 livres sterling (12,500 fr.) et la fourniture du matériel pour le chemin, devaient être accordés au constructeur qui présenterait la machine réalisant le mieux les vues de la compagnie.

L'opinion de M. Harrison finit par prévaloir dans l'assemblée des directeurs, et le 20 avril 1829, les conditions du concours furent rendues publiques.

Voici les principales de ces conditions.

La machine, montée sur six roues, ne pourrait peser plus de six tonnes. Elle devait traîner, sur un plan horizontal, avec une vitesse de 16 kilomètres à l'heure, un poids de vingt tonnes, en comprenant dans ce poids l'approvisionnement d'eau et de combustible. Si la machine ne pesait que cinq tonnes, le poids à remorquer serait réduit à quinze tonnes. Le poids des locomotives portant sur quatre roues pourrait être réduit à quatre tonnes et demie. Enfin, le prix de la machine agréée ne pourrait excéder 550 livres sterling (13,750 fr.).

Le jour de l'ouverture de ce tournoi d'un nouveau genre fut fixé au 6 octobre 1829. On choisit pour juges MM. Rastrick, de Stourbridge ; Kennedy, de Manchester ; et Nicolas Wood, de Killingworth.

Les constructeurs anglais se mirent aussitôt en devoir de prendre part à ce concours ; et six mois après, au jour fixé, cinq machines locomotives, destinées à entrer en lice, étaient réunies à Liverpool. C'étaient : la *Fusée*, la *Nouveauté*, la *Sans-Pareille*, la *Persévérance* et la *Cyclopède*.

La *Fusée* était présentée par Stephenson, de Manchester ; on avait adopté dans sa construction les chaudières tubulaires, inventées en France par M. Séguin. La *Nouveauté* appartenait à MM. Braithwaite et Erickson. La chaudière de cette locomotive était formée d'un bouilleur unique ; le constructeur avait cru pouvoir remédier à l'insuffisance de la surface de chauffe par divers moyens mécaniques destinés à provoquer artificiellement le tirage. La *Sans-Pareille* sortait des ateliers de M. Thimothy Backworth. La *Persévérance* appartenait à M. Burstal, et la *Cyclopède*, présentée par M. Brandreth, était destinée à être traînée sur les rails par des chevaux, ce qui prouve que ce dernier constructeur n'avait aucune foi dans l'avenir des locomotives.

Telles étaient donc les machines destinées à prendre part à cette lutte intéressante.

On choisit pour servir aux expériences le plateau de Rainhill, qui présente une ligne parfaitement horizontale, sur une longueur de deux milles (3,248 mètres).

Comme le texte des conditions du concours ne contenait aucune indication sur le genre d'épreuves auxquelles les machines seraient soumises, on arrêta les dispositions suivantes.

Au début de l'expérience, on constatera, pour chacune des locomotives, le poids total de la machine, avec sa chaudière pleine d'eau ; la charge à traîner sera triple de son poids. L'eau de la chaudière sera froide, et il n'y aura pas de combustible dans le foyer ; on délivrera à chaque concurrent la quantité d'eau et de houille qu'il jugera nécessaire pour un voyage. La machine sera traînée à bras jusqu'au point de départ. Elle partira dès que la vapeur aura acquis une tension de cinquante livres par pouce carré. La locomotive devra faire dix fois l'aller et le retour de l'espace choisi, ce qui représente à peu près le trajet de Liverpool à Manchester. Pour constater le temps de chaque voyage, on établira à chaque extrémité, deux stations, occupées chacune par l'un des juges, qui constatera avec soin le moment du passage de la machine. Ces conditions furent communiquées aux concurrents et acceptées par eux.

Pendant les premiers jours, on se borna à essayer les locomotives ; on les fit aller et venir sur les rails, pour les disposer à fonctionner. Le 6 octobre 1829, jour fixé pour le commencement des épreuves, la *Fusée*, de George et Robert Stephenson, entra la première dans l'arène.

Suivant le programme, elle était montée sur quatre roues et pesait quatre tonnes cinq quintaux (4,316 kilogrammes). Sa chaudière, de $1^{m},73$ de longueur, était traversée par vingt-cinq tubes de 7 centimètres de diamètre ; la vapeur sortant des cylindres était dirigée, pour activer le tirage, dans l'intérieur de la cheminée. La figure 135 représente une coupe de la chaudière de la Fusée pour donner une idée de la disposition des tubes. A est la grille du foyer, B, la partie de la chaudière percée de 25 tubes qui donnent passage à la fumée et à l'air chaud venant du foyer.

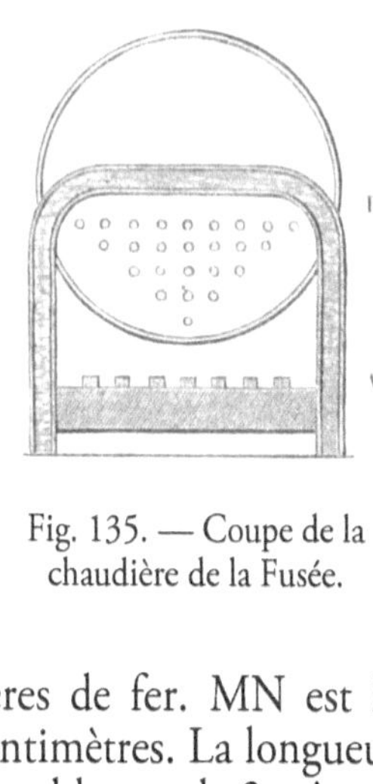

Fig. 135. — Coupe de la chaudière de la Fusée.

La figure 136 représente la *Fusée*, d'après l'ouvrage de Nicolas Wood sur les chemins de fer et le mémoire de MM. Coste et Perdonnet sur les chemins à ornières de fer. MN est le fourneau. Sa hauteur est de 1 mètre, sa largeur de 70 centimètres. La longueur de la chaudière, qui forme la plus grande partie de l'ensemble, est de 2 mètres, sur 1 mètre de diamètre. Les 25 tubes à fumée traversent la masse intérieure du liquide contenu dans cette vaste chaudière. Ils vont s'ouvrir aux deux tiers de la cheminée IJ, à l'aide du tube d'expulsion *ab*. Les soupapes de sûreté H,H, sont au nombre de deux. A est le cylindre à vapeur, incliné de telle sorte que la tige articulée B fixée à son extrémité, vienne agir sur un levier articulé BL, de manière à faire tourner la roue d'une demi-révolution. La force acquise achève de faire tourner la roue, et les deux mouvements s'exécutant en des temps opposés,

Fig. 136. — La Fusée, locomotive de George et Robert Stephenson.

sur les deux roues, la locomotion est facile. La provision de charbon est placée sur l'avant E du tender. C'est un tonneau contenant l'eau d'alimentation de la chaudière. Une pompe mue par la vapeur, introduit constamment une partie de cette eau dans la chaudière.

Sans entrer dans le détail des différentes épreuves auxquelles fut soumise la locomotive de Stephenson, nous dirons que, sur un plan horizontal, elle remorqua, avec une vitesse de près de six lieues à l'heure, un poids de douze tonnes quinze quintaux (12, 942 kilogrammes).

Pour connaître son maximum de vélocité, on la débarrassa de toute charge, ainsi que de l'approvisionnement d'eau et de combustible ; dans ces conditions elle parcourut un trajet de deux lieues et un tiers en quatorze minutes quatorze secondes, ce qui représente une vitesse de dix lieues à l'heure.

Dans une autre série d'épreuves, on attacha la *Fusée* à une voiture contenant trente-six voyageurs ; elle communiqua plusieurs fois à cette voiture, une vitesse de dix lieues par heure, sur un plan horizontal. En remontant sur un plan incliné, sa vitesse, dans les mêmes conditions, était de quatre lieues à l'heure. Cette dernière expérience établit ce fait important, que les locomotives pourraient

Fig. 137. — Le concours des locomotives tenu à Liverpool, au mois d'octobre 1829.

s'élever le long de certaines pentes ; on avait supposé jusque-là qu'elles ne pourraient remorquer les convois que sur des terrains parfaitement de niveau.

La seconde machine essayée fut la *Sans-pareille*. Cette locomotive était portée sur quatre roues, et son poids s'élevait à quatre tonnes quinze tonneaux et demi (4,850 kilogrammes). Or, d'après une condition imposée aux concurrents, toute machine atteignant ce poids devait être montée sur six roues, la *Sans-pareille* se trouvait donc exclue du concours. On se détermina néanmoins à la soumettre aux épreuves, afin de reconnaître si les résultats obtenus seraient de nature à être pris en considération ; mais ils se montrèrent, sous tous les rapports, inférieurs à ceux de la *Fusée*.

La locomotive présentée par MM. Braithwaite et Erickson, la *Nouveauté*, n'avait pu être terminée à temps pour être essayée.

On reconnut à son arrivée à Liverpool, et quand on l'eut placée pour la première fois sur les rails, que la disposition de ses roues exigeait quelques modifications. Cette circonstance retarda de quelques jours le moment des expériences. La *Nouveauté* différait de la machine de George et Robert

Stephenson, en ce qu'elle n'avait point de tender, et qu'elle portait elle-même sa provision d'eau et de combustible. Cette locomotive étant réparée et se trouvant prête à servir aux expériences, fut amenée au point de départ. La vapeur ayant acquis la tension nécessaire, elle partit aussitôt, pour fournir sa course. Mais, après son premier trajet, on reconnut que le tuyau d'alimentation de la chaudière s'était crevé. Quand on eut remédié à cet accident, il était trop tard pour continuer les expériences.

La machine fut essayée de nouveau, les jours suivants. En remorquant un convoi considérable, représentant le triple de son propre poids, elle fit d'abord douze milles à l'heure, et en continuant à marcher, vingt et un milles (sept lieues).

On substitua ensuite aux chariots chargés de poids, une voiture contenant quarante-cinq voyageurs ; la *Nouveauté* imprima à cette voiture une vitesse de sept lieues à l'heure, terme moyen.

Enfin, pour connaître son maximum de vitesse, on la laissa partir sans autre fardeau que l'eau et le charbon qu'elle devait employer. En allant et revenant à diverses reprises, sur l'espace qu'elle avait à parcourir, elle présenta une vitesse moyenne de neuf lieues à l'heure ; elle marcha même quelquefois avec une rapidité de treize lieues à l'heure.

A la suite des expériences qui furent exécutées le 14 octobre, on s'aperçut que la chaudière de la *Nouveauté* présentait des fuites et livrait passage à l'eau. Les essais se trouvèrent ainsi interrompus. MM. Braithwaite et Erichon déclarèrent alors se retirer du concours[6].

La *Persévérance* avait éprouvé quelques accidents pendant son transport à Liverpool ; elle ne satisfaisait pas d'ailleurs aux termes imposés par le programme. M. Burstall la retira.

Quant à la *Cyclopède*, elle était, comme nous l'avons dit, mue par des chevaux, et sortait, par conséquent, des conditions assignées.

En définitive, le prix fut décerné à la *Fusée* de George et Robert Stephenson, qui avait satisfait à toutes les conditions exigées par la compagnie.

Elle avait dû la supériorité de sa vitesse à l'emploi des chaudières tubulaires de M. Séguin, et avait, de cette manière, servi à mettre dans tout son jour l'importante découverte de l'ingénieur français.

Tel fut le résultat de ce tournoi mémorable, qui vivra d'un long souvenir dans l'histoire de l'industrie et du progrès social.

6 On trouve une description détaillée de cette locomotive, ainsi que des autres machines qui furent présentées au concours de Liverpool, dans le *Mémoire sur les chemins à ornières*, de MM. Léon Coste et Perdounet, que nous avons déjà cité, et dans le *Traité des chemins de fer* de Nicolas Wood.

La locomotive de Stephenson, qui permettait de réaliser sur les routes de fer, une vitesse de douze lieues à l'heure, changea complètement la face de l'entreprise du chemin de Liverpool à Manchester.

Au lieu de se borner au transport des marchandises, la compagnie ouvrit aussitôt aux voyageurs cette nouvelle voie de communication.

Le service public, commencé en 1830, donna immédiatement des résultats inespérés. A peine la circulation fut-elle établie sur la voie ferrée que, des trente voitures publiques qui desservaient chaque jour les deux villes, une seule put continuer son service.

La faculté, désormais offerte, de dévorer les distances, amena une révolution complète dans les conditions et les habitudes des voyages. On eut alors la démonstration la plus décisive de ce fait, que la facilité des moyens de transport augmente la circulation dans une proportion extraordinaire. Le nombre des voyageurs entre Liverpool et Manchester qui, avant l'ouverture du chemin de fer, ne dépassait pas 500 par jour, s'éleva immédiatement à 1 500.

Le transport des marchandises ne subit pas la même progression, parce que les propriétaires des canaux, aiguillonnés par la concurrence, s'empressèrent d'abaisser leurs prix jusqu'au niveau des tarifs du chemin de fer, et accrurent, en même temps, la vitesse des transports. Le canal avait, en outre, l'avantage de communiquer des docks de Liverpool, avec Manchester, en baignant les murs mêmes des magasins des fabricants, ce qui économisait les frais de transbordement.

Cependant, malgré l'inégalité de ces conditions, le chemin de fer ne tarda pas à transporter un millier de tonnes de marchandises par jour. Aussi, deux ans après son ouverture, apportait-il un dividende de 10 pour 100, et les actions jouissaient-elles d'une prime de 120 pour 100. L'ère financière des chemins de fer était inaugurée en Europe, avec un éclat qui, malheureusement, ne devait pas être durable.

Le double et remarquable succès qu'obtint le chemin de Liverpool, sous les rapports technique et financier, provoqua rapidement, en Angleterre, l'établissement de nouveaux railways.

L'immense réseau qui relie à la métropole les divers centres de population, commença à s'organiser en 1832, et pendant la période de 1832 à 1836, la construction des voies nouvelles reçut une impulsion et un développement considérables.

On vit terminer dans cet intervalle, 180 lieues de chemins de fer, et en commencer 160 lieues. En même temps, la science pratique des chemins de fer, qui avait trouvé dans la ligne de Liverpool un modèle admirable, alla se perfectionnant chaque jour.

Profitant des améliorations successives introduites dans cet art nouveau, les grandes nations de l'Europe et du Nouveau Monde, entrèrent hardiment dans la même voie, et les chemins de fer ne tardèrent pas à prendre en Belgique, aux États-Unis, en Allemagne et en France, un développement plus ou moins rapide, qu'il nous reste à raconter pour terminer cet aperçu historique.

CHAPITRE IV

CRÉATION ET DÉVELOPPEMENT DES CHEMINS DE FER EN EUROPE
ET AUX ÉTATS-UNIS D'AMÉRIQUE.

L'histoire des chemins de fer montre combien les inventions les plus merveilleuses, rencontrent de préventions, même chez les esprits éclairés ; mais elle nous apprend aussi que, tôt ou tard, le monde est forcé de subir leur empire et de se plier à la loi du progrès. Le système des chemins de fer actuels ne date que de 1830, et déjà, malgré la lenteur avec laquelle on s'y prit dans les premières années, vingt-deux milliards ont été dépensés en Europe, et plus de sept milliards aux États-Unis d'Amérique, pour l'établissement des routes ferrées. L'Asie, l'Afrique, l'Amérique méridionale et l'Océanie, ont emboîté le pas derrière les nations civilisées. Aujourd'hui, la vapeur mugit jusque dans les forêts vierges, dans les steppes et les déserts. Quand l'Europe sera sillonnée en tous sens par des voies ferrées, les capitaux chercheront un emploi sur les chemins étrangers, et bientôt il n'y aura plus un seul coin du globe assez écarté pour se soustraire aux bruyantes visites de la locomotive, qui apporte avec elle la civilisation et la paix.

On a déjà projeté de Moscou au fleuve Amour, dans la Mongolie et la Russie d'Asie, un chemin de fer , qui aura deux mille lieues de développement. C'est presque le quart du tour du monde. On étudie, aux États-Unis, le plan d'une route ferrée qui, de l'océan Pacifique, passera à travers les montagnes Rocheuses, pour aboutir à l'autre bord de l'Océan.

Les âmes poétiques se plaignent de cet envahissement de la civilisation par le mouvement et le bruit, qui, disent-elles, ôte leur charme aux sites sauvages. Ce sont les mêmes faux rêveurs qui préfèrent les ruelles tortueuses et malsaines des anciennes villes, aux larges boulevards qui s'ouvrent au soleil et aux grands mouvements de l'air. Laissons dire ces amants solitaires du passé, et réjouissons-nous de vivre à une époque où la prospérité et le bien-être s'établissent partout, à la suite des grandes inventions de la science et de l'industrie.

Nous allons rapidement retracer l'histoire de l'établissement successif des chemins de fer en Europe et dans les autres parties du monde.

On a déjà vu, par ce qui précède, que l'Angleterre est le berceau des chemins de fer, comme celui des locomotives. Les Anglais, peuple pratique par excellence, ont toujours saisi promptement la portée des découvertes industrielles, et les ont appliquées, sans aucune de ces hésitations timides, qui, chez nous, retardent si souvent les plus importants progrès. C'est vers l'année 1820 que l'on employa pour la première fois, comme nous l'avons dit, les locomotives sur le chemin de fer de Darlington à Stockton, et c'est en 1829, que partirent, grâce à l'invention de la chaudière tubulaire de Séguin et de son application à la *Fusée* de Stephenson, les premières locomotives destinées au transport des voyageurs à grande vitesse sur la route de Manchester à Liverpool, et sur celle de Lyon à Saint-Étienne.

George Stephenson eut à lutter dans les premiers temps de la création des chemins de fer, contre l'ignorance et la routine. On prétendait que les chaudières éclateraient et tueraient les voyageurs ; — que la fumée des locomotives détruirait la végétation ; — que leur bruit éloignerait les hommes à une grande distance des routes ferrées ; — que les étincelles du foyer donneraient lieu à des incendies sur la route de la voiture à vapeur ; — enfin que les chemins de fer seraient ruineux pour les actionnaires, car ils ne parviendraient jamais à soutenir la concurrence contre les voies navigables.

L'ouverture du chemin de fer de Liverpool à Manchester, en 1830, ne tarda pas à démontrer combien toutes ces objections étaient peu fondées.

Deux ans après, on procédait à l'inauguration du chemin de Londres à Birmingham, et dès 1834, Robert Peel insistait sur la nécessité d'établir des voies ferrées d'un bout à l'autre du Royaume-Uni.

Cependant, les propriétaires des canaux, les fermiers des routes ordinaires, et quelques membres du Parlement, se montrèrent, quelque temps encore, hostiles aux nouveaux chemins. Le duc de Wellington avait été fortement impressionné par la mort, arrivée en sa présence, d'un de ses collègues, l'honorable Huskisson, tué par une locomotive.

Ce ne fut qu'en 1842 que le noble lord se décida à voyager sur un chemin de fer. En 1843 seulement, la reine Victoria osait tenter son premier voyage sur une route ferrée, et en 1858, le grand ministre piémontais, Cavour, venait encore de Turin à Paris en voiture, tant il redoutait de confier sa personne à un mode de transport si dangereux !

L'évidente supériorité de la locomotion par la vapeur, finit pourtant par triompher des oppositions qu'elle rencontra au début. En peu d'années, l'Angleterre fut sillonnée d'un réseau de lignes qui se croisent en tous sens, et qui font que la carte routière du Royaume-Uni ressemble aujourd'hui à une feuille de vigne sillonnée de ses nervures.

Robert Stephenson est l'ingénieur qui a construit les plus importantes de ces voies ferrées.

La longueur totale des chemins de fer exploités dans la Grande-Bretagne, est actuellement d'environ 17 000 kilomètres. La totalité de ces lignes, mises bout à bout, suffirait presque pour établir une route ferrée d'un pôle à l'autre de la terre. En n'ayant égard qu'à la valeur d'émission des actions, ces voies ferrées représentent un capital de 7 milliards de francs. Si l'on ajoute à cette somme tous les chemins de fer dont la construction est autorisée en Angleterre, on arrivera à un total de 9 milliards !

Les chemins de fer anglais représentent le tiers du réseau européen ; l'Allemagne, y compris l'Autriche et la Prusse, fournissent un autre tiers de cet imposant total.

En France, l'existence des voies ferrées dans les mines, était encore inconnue, lorsque, depuis bien longtemps déjà, on s'en servait dans les districts houillers de la Grande-Bretagne. En 1823 seulement, M. Beannier obtenait l'autorisation de construire une ligne de rails de fer pour le transport du charbon de Saint-Étienne au pont d'Andrezieux, sur la Loire. Le moyen de traction sur ces rails, c'était la force des chevaux, comme dans les mines de houille de la Grande-Bretagne. Arrivé à la Loire, le charbon était embarqué sur la rivière, et dirigé sur le Nivernais ou vers Paris.

En 1826, MM. Seguin commencèrent le chemin de fer de Saint-Étienne à Lyon, et deux ans plus tard, MM. Mellet et Henry, celui d'Andrezieux à Roanne, qui suivait le cours de la Loire, pour suppléer à la navigation imparfaite de cette rivière.

Le chemin de fer d'Andrezieux à Roanne devait être desservi par des locomotives, à l'instar du chemin de fer de Darlington à Stockton, en Angleterre.

Quant au chemin de fer de Saint-Étienne à Lyon, c'était un chemin tout à fait fantaisiste, comme on dit aujourd'hui. C'était un mélange, une *ollapodrida*, de tous les moyens de traction qui peuvent être mis en usage sur une route ferrée. L'imagination active des frères Seguin, leur esprit par trop inventif, s'était donné ici libre carrière. Aussi, rien n'était-il plus dangereux, surtout vers les premières années, qu'un voyage sur le chemin de fer de Saint-Étienne. Les constructeurs ne s'étaient guère occupés que du transport des houilles et des marchandises ; c'est à peine s'ils avaient songé aux voyageurs. Les déraillements des convois étaient assez fréquents. Les voûtes des tunnels étaient si basses et si étroites, les piliers des ponts placés si près des rails, que la moindre imprudence pouvait devenir funeste au voyageur. Celui qui, pour admirer le paysage, mettait la tête hors de la portière, ou étendait le bras, pour désigner un point de vue à l'horizon, s'exposait à rentrer dans le wagon, comme la statue de l'Homme sans tête, du palais Saint-Pierre, à Lyon, ou comme Ducornet, le peintre né sans bras !

Nous avons fait, en 1838 , le voyage de Saint-Étienne à Lyon, sur ce chemin de fer primitif, et l'on nous permettra de rappeler ici, comme un témoignage certain, nos impressions particulières.

J'avais reçu de mon maître en chimie, M. Balard, professeur à la Faculté des sciences de Montpellier, le conseil d'aller visiter, pour mon instruction, les mines de houille de Saint-Étienne. Je me hissai donc dans la diligence de Montpellier à Lyon, et deux jours après, je débarquais à l'Hôtel-Dieu de Lyon, où mon bon camarade et condisciple, Amédée Bonnaric, aujourd'hui médecin de l'hospice de l'Antiquaille, et l'un des praticiens les plus répandus de Lyon, me reçut à bras ouverts. Élève, comme moi, de la Faculté de médecine de Montpellier, il venait d'être nommé, par concours, interne à l'Hôtel-Dieu de Lyon.

Je couchai dans la chambre d'un autre interne absent, et le matin, je pus assister à la visite du célèbre chirurgien en chef ou, comme on l'appelle à Lyon, du major de l'Hôtel-Dieu, Amédée Bonnet, dont la statue se voit aujourd'hui sur une des places de la ville.

Amédée Bonnet s'occupait alors avec une ardeur extraordinaire, de l'opération de la ténotomie pour la cure du strabisme, en d'autres termes, pour le redressement des yeux louches, au moyen de la section des tendons du globe oculaire. L'opération du strabisme était alors à la mode et faisait grand bruit en France, d'après les résultats obtenus par MM. Phillips, à Liége, Jules Guérin, à Paris, et Dieffenbach à Berlin. Cette opération est aujourd'hui oubliée et surtout très décriée.

On demandait à M. Double, célèbre médecin de Paris, s'il fallait faire usage d'un certain médicament : « Hâtez-vous de l'employer pendant qu'il guérit, » répondit ce médecin. La chirurgie a, sans doute, comme la médecine, de ces périodes pendant lesquelles les opérations réussissent, et dont il faut saisir le moment, car les opérations de strabisme se comptaient tous les jours par vingtaines à l'Hôtel-Dieu de Lyon. C'était un concours universel de tous les louches de France vers l'hospice lyonnais. L'opération en elle-même valait, d'ailleurs, la peine d'être vue. C'était un spectacle bien singulier que ce coup de bistouri qui, adroitement pratiqué sous la peau, remettait instantanément dans sa direction normale, un oeil dévié. Seulement le chirurgien ne répondait pas des suites.

Après la matinée passée à l'Hôtel-Dieu, j'eus encore le temps de me rendre au chemin de fer de Saint-Étienne, et de monter dans l'une de ses voitures.

Les voitures qui faisaient le service du railway lyonnais, en 1838, étaient de simples diligences, c'est-à-dire des boîtes de sapin, trop basses, trop courtes, sans lumière et sans air. Mais les voyageurs de cette époque se montraient peu exigeants. Ils n'étaient pas encore gâtés par l'usage des confortables et des coupés-lits.

Nous eûmes le bonheur d'arriver à Saint-Étienne sans encombre ; c'était tout ce que l'on pouvait demander à notre embryon de chemin de fer.

La visite attentive d'une mine de charbon, la vue des travaux des houilleurs, enterrés à une profondeur de 400 mètres, au milieu d'un noir dédale de galeries, de carrefours, de puits, d'échelles, etc., est assurément le spectacle le plus intéressant que l'on puisse présenter à l'imagination d'un jeune étudiant, avide d'observer et d'apprendre. Mais, après les surprises infinies et les vues saisissantes de l'exploitation de la houillère, il y avait un autre spectacle, aussi curieux. C'était le chemin de fer lui-même, que je ne pus bien observer qu'en revenant de Saint-Étienne à Lyon, car le retour se fit tout entier de jour, ce qui n'avait pas eu lieu pour l'aller.

Les diligences qui nous cahotaient sur les rails, étaient traînées par des moteurs, qui changeaient selon la disposition des lieux. Elles étaient remorquées, au moyen de cordes s'enroulant sur des poulies, par des machines à vapeur fixes, distribuées sur le parcours de la voie, quand il s'agissait de remonter une forte rampe ; — par des chevaux attelés en tête du convoi, si la rampe était modérée ; — par de véritables locomotives, quand la route était de niveau ; — enfin, par leur propre poids, dans les descentes continues. Sur le parcours de Saint-Étienne à Rive-de-Gier, par exemple, le train était lancé sur le flanc de la montagne, emporté par la force de la pesanteur. Quelquefois, quand deux pentes se rejoignaient sur un plateau étroit, avec des inclinaisons équivalentes, le poids du train descendant était utilisé pour hisser le train ascendant, ou réciproquement, comme on le fait dans l'intérieur des mines de charbon, quand on remorque les wagons vides, par le poids de quelques wagons pleins de houille.

On comprend toute l'étrangeté d'un voyage qui empruntait des modes de locomotion si divers. A chaque instant, le moteur changeait de nature. Aux portes de Saint-Étienne, c'était une locomotive qui entraînait le convoi ; plus tard, des chevaux remplaçaient la locomotive. Ailleurs, c'est-à-dire dans une forte montée, on se sentait hissés par des cordages, qu'enroulait sur un tambour, une machine à vapeur fixe. Le voyageur ne pouvait s'empêcher de frémir en songeant que sa vie était littéralement suspendue au bon état de cette corde. Il était évident, en effet, que si les cordes, usées par un service quotidien, venaient à se rompre, et que le conducteur n'eût pas le temps ou la présence d'esprit, de serrer les freins, disposés pour mordre les rails dans un cas pareil, le convoi aurait roulé au bas de la côte, avec une vitesse multipliée par sa masse, produit arithmétique capable de donner le frisson à l'homme le plus courageux.

On voit donc que rien n'était plus pittoresque qu'un voyage sur le chemin de fer construit par Séguin aîné.

Ces capricieux arrangements ont peu à peu disparu du chemin de fer de Saint-Étienne à Lyon. Les rectifications incessantes que l'on a apportées au tracé, et les changements introduits dans le matériel, depuis qu'il a été réuni à d'autres lignes, ont amené la suppression de toute machine fixe. Mais en 1838, 1e mélange hétéroclite dont nous venons de présenter le tableau abrégé, fonctionnait sur toute la ligne. Ce n'est qu'en 1832 que des locomotives construites à Lyon, dans un atelier du quai Louis XVIII, avaient remplacé les chevaux, sur certains points du parcours.

Le chemin de fer de Saint-Étienne à Lyon avait toutes sortes d'inconvénients. Il exposait les voyageurs à de véritables dangers, ou à de légitimes craintes. Mais il avait un avantage. Il avait l'avantage d'être un chemin de fer, c'est-à-dire un moyen de locomotion des plus économiques, et susceptible de perfectionnements. Un chemin de fer existait et fonctionnait dans notre pays, c'était l'essentiel ; le temps et la science ne pouvaient manquer de l'améliorer.

Malheureusement, de 1830 à 1835, les inquiétudes commerciales, résultant des émeutes de Paris, ou de la situation politique, vinrent détourner l'attention des affaires industrielles, et arrêter l'élan de nos ingénieurs et de nos capitalistes, dans le perfectionnement des chemins de fer.

La découverte des locomotives à foyer tubulaire, avait amené, en Angleterre, la création immédiate et l'extension assez rapide des chemins de fer. La France ne s'engagea dans la même voie qu'avec une lenteur extrême.

L'adoption des chemins de fer a rencontré de grandes difficultés parmi nous, par suite de deux préjugés, d'ordre différent. On ne crut pas d'abord, à la possibilité d'établir ces voies de communication avec assez d'économie et d'avantages pour notre pays ; ensuite, on redouta les dangers qui semblaient inhérents à leur emploi.

En 1830, lorsque déjà le chemin de fer de Liverpool à Manchester, transportait, chaque jour, des centaines de voyageurs, et quand la pratique avait, par conséquent, prononcé sans réplique sur les avantages de ce système, un de nos plus savants ingénieurs, M. Auguste Perdonnet, ne pouvait, malgré les plus ardents efforts, parvenir à faire comprendre l'importance future de la question des chemins de fer en France. Lorsque le même ingénieur, dans le cours qu'il ouvrit à l'École centrale des arts et manufactures, sur la construction des railways, annonça que cette découverte était destinée à opérer une révolution semblable à celle qu'avait opérée l'invention de l'imprimerie, il fut traité d'insensé.

M. Auguste Perdonnet, aujourd'hui directeur de l'École centrale des Arts et Manufactures, administrateur des chemins de fer de l'Est, est né en 1801. Il fit ses études en partie à Paris, à l'école Sainte-Barbe, en partie en Suisse, chez le célèbre Pestalozzi, qui avait créé à Yverdun, cette institution modèle où les familles les plus distinguées de l'Europe envoyaient leurs enfants, et qui n'eut malheureusement qu'une trop courte durée.

Fig. 138. — Auguste Perdonnet.

Élève de l'École polytechnique, M. Perdonnet allait en sortir, avec le titre d'ingénieur de l'État, lorsqu'il fut victime d'une mesure qui atteignit toute une salle d'étude, accusée de carbonarisme.

Cet événement ne le découragea point. Il entra, comme élève, à l'École des mines. Pour compléter son instruction, il entreprit plusieurs voyages en Allemagne et en Angleterre.

Dans ce dernier pays, il fut surtout frappé de la vue du chemin de fer de Liverpool à Manchester, le premier chemin de fer à grande vitesse qui ait existé en Europe, et qui venait à peine d'être terminé. Il comprit tout de suite, l'importance et l'avenir des railways, et résolut de se dévouer à leur propagation dans sa patrie.

De retour à Paris, en 1829, M. Perdonnet publia, avec un ingénieur des mines, M. Léon Coste, un *Mémoire sur les chemins à ornières*[7], qui est, à notre connaissance, le premier ouvrage de quelque importance qui ait paru en France, sur les chemins de fer. Ce livre, qui faisait connaître les résultats obtenus en Angleterre, produisit une certaine sensation dans le monde des ingénieurs.

7 1 vol. in-8. Paris, 1830, chez Bachelier.

En 1830, l'École centrale des arts et manufactures venait d'être fondée, grâce à l'initiative et à l'association de quelques hommes instruits et pénétrés des besoins intellectuels de leur temps. M. Perdonnet, qui était au nombre des professeurs de la nouvelle école, ouvrit, en 1831, le premier cours qui ait été fait en France, sur les chemins de fer, cours qu'il a continué pendant trente-deux ans, c'est-à-dire jusqu'à l'année 1863.

M. Perdonnet dans son cours à l'École centrale, comme dans diverses publications qui datent de cette époque, plaidait chaudement la cause des voies ferrées, alors fort peu en faveur en France, même auprès de nos hommes d'État. C'est à cette occasion, comme nous l'avons dit plus haut, que son zèle excessif à défendre la cause des chemins de fer et à prédire l'avenir qui leur était réservé, le fit taxer de folie.

Le premier chemin de fer que l'on ait exécuté en France, après celui de Saint-Étienne à Lyon, et dans lequel furent mis en usage pour la première fois, le système de tracé et le matériel employés en Angleterre, entre Manchester et Liverpool, fut celui d'Alais à Beaucaire, ou plutôt d'Alais à Beaucaire et aux mines de houille de la Grand-Combe. Ce chemin de fer était plutôt destiné au transport du charbon qu'au service des voyageurs.

M. Talabot, qui alors débutait dans une carrière qu'il devait parcourir avec tant d'éclat, fut chargé de cette difficile entreprise. Il eut à triompher de mille obstacles, tant par la nature accidentée du terrain, que par l'imprévu d'une oeuvre dans laquelle il fallait tout créer.

La ligne d'Alais à Beaucaire avait été concédée par une loi datée du 29 juin 1833.

Le chemin de fer de Paris à Saint-Germain, vint bientôt donner un admirable modèle de ces nouvelles voies de communication, tout à la fois aux ingénieurs chargés du tracé et de l'exécution de la voie, aux mécaniciens chargés d'établir le matériel roulant, et aux constructeurs de locomotives.

L'initiative de l'entreprise du chemin de fer de Paris à Saint-Germain, qui devint le signal d'une foule de projets analogues, appartient à M. Émile Péreire.

Issu d'une famille d'israélites du Portugal, que des persécutions religieuses avaient forcée de se réfugier en France, M. Émile Pereire est né à Bordeaux, le 3 décembre 1800. Le nom de son grand-père, Jacob Rodriguez Pereira, est resté attaché à la découverte d'une méthode d'instruction des sourds-muets, qui a précédé celle de l'abbé de L'Épée. Les résultats que Rodriguez Pereira avait obtenus en imaginant un langage par signes pour les sourds-muets, et une méthode destinée à donner à ces malheureux le moyen de comprendre la parole humaine, furent constatés dans un rapport présenté à l'Académie des sciences par Buffon et de Mairan, et qui attira l'attention et les éloges de Voltaire.

Le nom de Péreira a été francisé, de nos jours, par le changement d'une voyelle.

En 1822, M. Émile Péreire vint à Paris, comme tant d'autres, pour y tenter la fortune. Il s'établit courtier de change, ce qui le mit en relation avec les notabilités de la banque et du commerce, et particulièrement avec le célèbre financier, James de Rothschild.

Fig. 139. — Émile Péreire.

Son imagination active le portait à s'occuper de toutes les grandes questions de commerce et d'industrie. Il consignait ses idées dans les journaux politiques du temps, et surtout dans le *Globe.*

L'école Saint-Simonienne ayant surgi après la révolution de 1830, M. Émile Péreire fut séduit par la hardiesse et la largeur des vues des nouveaux réformateurs. Devenu par son mariage, l'allié de M. Olindes Rodrigues, l'un des adeptes principaux de cette école, il fut initié par lui, aux doctrines de Saint-Simon, qui répondaient aux aspirations de beaucoup d'âmes agitées.

L'école politique et économique du *Globe* avait beaucoup préconisé les chemins de fer, comme moyen d'association et de pacification des peuples. C'est là ce qui préoccupait le directeur du *Globe*, jeune ingénieur des mines, sorti de l'École polytechnique, et qui, s'étant jeté avec ardeur parmi les Saint-Simoniens, mêlait aux brûlantes aspirations morales de leur école, les notions positives fournies par la science et l'industrie.

On voit que nous parlons de M. Michel Chevalier, aujourd'hui membre de l'Institut, professeur d'économie politique au Collège de France, sénateur et haut dignitaire de l'empire.

M. Michel Chevalier dans trois articles du *Globe*[8] qui ont été réunis plus tard en brochure, sous ce titre à trois têtes : *Religion Saint-Simonienne*, *Politique*

8 31 janvier, 3 février, 12 février 1832.

industrielle, Système de la Méditerranée[9], s'élevait avec la noble conviction du philanthrope et du philosophe, contre le fléau de la guerre européenne, qu'il regardait, avec raison, comme une guerre civile. Il n'avait pas de peine à prouver l'impossibilité de fonder par la guerre, l'équilibre européen, et cherchait à établir ensuite, que « la paix définitive doit être fondée par l'association de l'Orient et de l'Occident. » L'invention, alors récente, des chemins de fer, donnait le moyen, disait l'auteur, de réaliser, par un procédé pratique, cette union générale des peuples de l'Orient et de l'Occident.

> « La politique pacifique de l'avenir aura pour objet, disait M. Michel Chevalier, de constituer à l'état d'association, autour de la Méditerranée, les deux massifs de peuples qui, depuis trois mille ans, s'entre choquent comme représentants de l'Orient et de l'Occident : c'est là le premier pas à faire vers l'association universelle. La Méditerranée, en y comprenant la mer Noire et même la Caspienne, qui n'en a probablement été séparée que dans une des dernières révolutions du globe, deviendra ainsi le centre d'un système politique qui ralliera tous les peuples de l'ancien continent, et leur permettra d'harmoniser leurs rapports entre eux et avec le nouveau monde[10]. »

C'est là ce que l'auteur appelle le Système de la Méditerranée. Les chemins de fer figuraient au premier rang, parmi les moyens de communication qui devaient relier les divers points du *Système de la Méditerranée.*

M. Michel Chevalier présentait ensuite tout un plan de communication par les chemins de fer, entre les pays situés autour du bassin de la Méditerranée.

Le tracé des lignes des chemins de fer appartenant à la France, est assez nettement indiqué dans cet opuscule, à cette différence près, que les rameaux de nos chemins de fer actuels convergent vers Paris infiniment plus que ne semblait l'entendre l'auteur. M. Michel Chevalier parle d'établir une communication du Havre à Marseille, par Lyon et Paris ; une autre de Paris à Mons et à Bruxelles ; une autre vers l'Est sur l'Allemagne ; une autre allant à Bordeaux par Orléans et se prolongeant vers Toulon, une autre enfin qui suivrait le cours de la Loire jusqu'à Nantes.

La plupart de ces projets ont été exécutés plus tard. L'auteur présentait des tracés analogues pour la Russie, et poussait audacieusement (dans sa brochure) les lignes ferrées jusqu'au fond de l'Asie.

Le *Système de la Méditerranée* est un opuscule curieux, dont on a souvent parlé sans le connaître : c'est pour cela que nous le signalons avec quelque soin, dans ce court historique. On ne peut y voir qu'une improvisation, pleine de verve, faite par un jeune talent, impatient de répandre au-dehors le noble enthousiasme qui l'anime. Examiné de près, il perdrait tout au point de vue

9 Paris, in-8°, brochure de 56 pages, au bureau du *Globe*, 6, rue Monsigny, et chez Capelle, libraire, rue Soufflot, à Paris.

10 *Système de la Méditerranée*, page 35.

technique. On doit convenir seulement, que le fond des idées concernant les chemins de fer, est d'une justesse surprenante, pour une époque où cette question était encore si obscure[11].

Mais il ne suffisait pas de tracer dans un journal, les rameaux divers d'un réseau de communication embrassant tout un hémisphère. Il fallait écrire ce projet sur le sol ; il fallait mettre à exécution un tracé de chemin de fer.

C'est ce qu'entreprit de faire le premier Saint-Simonien, dont nous parlions tout à l'heure, M. Émile Péreire.

Le parcours de Paris à Saint-Germain, sembla à M. Péreire celui qu'il fallait choisir. Ce chemin avait l'avantage de n'exiger qu'un faible capital ; de pouvoir servir de tête à toutes les lignes qui devaient rayonner de Paris sur la Normandie et la Bretagne ; enfin de faire connaître les voies ferrées aux Parisiens, auxquels on devait demander plus tard, le principal concours financier pour l'exécution des grandes lignes.

Mais si l'on veut avoir une idée des préjugés et des répugnances qui existaient alors chez beaucoup d'hommes importants et éclairés de notre pays, contre les chemins de fer, il faut lire le compte rendu de la séance de la Chambre des députés, pendant laquelle fut présenté le projet de loi relatif à l'exécution du chemin de fer de Paris à Saint-Germain.

M. Thiers, alors ministre des travaux publics, bien qu'il revînt d'une tournée en Angleterre, où il avait vu fonctionner le chemin de fer de Liverpool à Manchester, déclarait, avec assurance, que les chemins de fer ne sauraient s'appliquer à de grandes lignes de communication ; que jamais ils ne pourraient relier avec avantage des centres de population séparés par de grandes distances. Il accordait seulement que « *les chemins de fer présentent quelques avantages pour le transport des voyageurs, en tant que l'usage en est limité au service de certaines lignes fort courtes, aboutissant à de grandes villes, comme Paris.* »

M. Thiers, ministre des travaux publics, et avec lui, l'administration des ponts et chaussées, repoussaient donc la pensée d'établir de grandes lignes, pour rattacher l'une à l'autre des villes séparées par d'assez grandes distances.

Associé avec MM. Mallet et Henry, M. Perdonnet sollicitait du gouvernement la concession du chemin de fer de Paris à Rouen. M. Thiers lui fit cette réponse : « *Moi, demander à la chambre de vous concéder le chemin de Rouen ; je m'en garderai bien ! On me jetterait en bas de la tribune.* » — « *Le fer est trop cher en France,* » disait le ministre des finances. — « *Le pays est trop accidenté,* » objectait

11 M. Michel Chevalier est revenu plus tard, en homme pratique, sur la question des chemins de fer. Son ouvrage sur les *Voies de communication aux États-Unis* a fait connaître à la France une foule de résultats techniques obtenus en Amérique, concernant la question des chemins de fer, et dans son livre *Des intérêts matériels en France*, publié en 1842, il a donné un plan exact et parfaitement étudié, du réseau français, tel à peu près qu'il existe de nos jours.

un député. — « *Les souterrains seront nuisibles à la santé des voyageurs,* » affirmait Arago qui, dans la question des chemins de fer, ne se montra pas à sa hauteur ordinaire, égaré par une vaine préoccupation politique.

Du reste, cette objection d'Arago, que les tunnels exposeraient les voyageurs à des pleurésies ou à des rhumes, est si singulière, venant d'un homme placé à la tête de la science, et parlant à la tribune de la Chambre des députés ; elle caractérise si bien les préventions de cette époque contre les nouvelles voies ferrées, que nous croyons devoir mettre textuellement sous les yeux de nos lecteurs, ce passage du discours d'Arago, prononcé le 14 juin 1836, à l'occasion du vote de la loi sur le chemin de fer de Paris à Versailles.

> « Il y a relativement au tunnel, dit Arago, une circonstance capitale, dont je vais entretenir la Chambre.
>
> « Messieurs, aussitôt qu'on descend à une certaine profondeur dans le sol, on a toute l'année une température constante. A Paris et dans ses environs, cette température est de 8 degrés Réaumur environ; personne n'ignore d'autre part, qu'en été, à l'ombre et au nord, le thermomètre de Réaumur (je parle de ce thermomètre, parce que vous en avez peut-être une plus grande habitude que du thermomètre centigrade), le thermomètre de Réaumur est quelquefois à 30 degrés au dessus de zéro ; au soleil, la température est de 10 degrés plus considérable. D'ailleurs, on n'arrivera pas d'emblée à l'embouchure du tunnel ; les approches sont formées par des tranchées profondes, comprises entre deux faces verticales fort rapprochées, où le renouvellement de l'air sera très lent, où la chaleur ne pourra pas manquer d'être étouffante. Ainsi on rencontrera dans le tunnel, une température de 8 degrés Réaumur, en venant d'en subir une de 40 ou 45 degrés. J'affirme sans hésiter que dans ce passage subit les personnes sujettes à la transpiration seront incommodées, qu'elles gagneront des fluxions de poitrine, des pleurésies, des catarrhes (bruits divers).
>
> « On a parlé tout à l'heure de toutes les merveilles du chemin de la rive droite ; permettez-moi de vous présenter l'ombre du tableau. (Parlez !) Je ne devine pas ce qui peut soulever des doutes. Quelqu'un conteste-t-il que dans l'intérieur de la terre, à la profondeur du souterrain, la température ne doive être à peu près constante, et de 10 degrés et demi centigrades, ou de 8 degrés et une fraction de Réaumur ? Veut-on nier qu'à l'ombre et au nord, la température sera quelquefois de 30 degrés ; que dans la tranchée qui précédera le tunnel , elle s'élèvera de 10 à 15 degrés de plus ? Ceci une fois admis, j'en appelle à tous les médecins pour décider si un abaissement subit de 45 à 8 degrés de température n'amènera pas des conséquences fatales ? Veut-on d'ailleurs des faits, j'en citerai un.
>
> « Je traversais un matin, par un temps nébuleux, le tunnel de Lidesgool, situé sous la ville, et dans lequel les voyageurs ne vont plus. L'Allemand avec lequel je faisais route était transi, et me demanda en grâce de l'envelopper dans ma redingote. Cependant la différence de température n'était pas à beaucoup près aussi considérable que celle dont je viens de parler , et qui existera inévitablement pendant deux ou trois mois de l'année au tunnel de Saint-Cloud. »

Où donc Arago prenait-il les 45 degrés de chaleur en plein air ?

Et non content d'évoquer le fantôme de la pleurésie, Arago terminait le tableau en faisant apparaître au fond du tunnel, l'explosion d'une locomotive.

> « Vous savez, Messieurs, puisque je les ai développées à cette tribune, quelles sont mes idées sur l'explosion des machines à vapeur ; vous savez que je ne crains pas beaucoup l'explosion des machines à haute pression ; j'ai même soutenu qu'avec les précautions que la loi prescrit, elles doivent être moins fréquentes que les explosions des machines ordinaires. Mais enfin la chose est possible ; il est possible qu'une machine locomotive éclate ; c'est alors un coup de mitraille ; mais à la distance où sont placés les voyageurs, le danger n'est pas énorme. Il n'en serait pas de même dans un tunnel ; là vous auriez à redouter les coups directs et les coups réfléchis; là vous auriez à craindre que la voûte ne s'éboulât sur vos têtes.
> « Je le répète, au surplus, je ne crois pas que le danger soit bien grand ; mais enfin, puisqu'on a cité en faveur de la rive droite une foule d'avantages qui ne m'avaient pas frappé, j'ai rempli un devoir en montrant que le long souterrain augmenterait considérablement les fâcheux effets d'une explosion[12]. »

Dans le cours sur les chemins de fer qui fut ouvert en 1834, à l'École des Ponts et Chaussées, on préconisait encore l'emploi des chevaux comme moteur sur les voies ferrées !

M. Perdonnet, de concert avec MM. Mellet et Henry, et Alphonse Cerfberr, avait fondé une société au capital de 500,000 francs, avec les principaux banquiers de Paris, pour étudier les grandes artères qui pouvaient être établies en France, lorsque l'administration des Ponts et chaussées, effrayée de se voir devancée par des ingénieurs civils, demanda aux Chambres et en obtint, un crédit égal, qui, selon l'administration des Ponts et Chaussées, serait mis gratuitement à la disposition du public.

Il avait donc fallu obéir à la force et à l'évidence des faits. En présence des voeux unanimement exprimés par les populations, on se décida à négliger les résistances et les prédictions contraires de l'administration des Ponts et Chaussées, et les grandes lignes furent entreprises.

Seulement, on affirmait, tout en les construisant, qu'elles ne pourraient jamais lutter contre les voies navigables, pour le transport des marchandises. Les faits sont heureusement venus détruire cette erreur, et montrer qu'au point de vue de l'économie, les chemins de fer ne sont nullement inférieurs aux anciens modes de transport.

Le chemin de fer de Paris à Saint-Germain, qui avait été concédé en 1835, par le vote de la Chambre des députés, fut terminé en 1837. Il n'allait pas plus loin que le bas de la colline de Saint-Germain. Les wagons s'arrêtaient au Pecq ; et le voyageur était forcé de gravir à pied la rampe interminable qui conduit du bord de la Seine à Saint-Germain.

12 Arago, *Notices scientifiques*, tome II pages 244-246 (tome V des *OEuvres complètes*).

L'inauguration de ce chemin de fer, le premier qui ait été établi aux portes de la capitale, se fit le 27 août 1837. Les hommes les plus distingués dans la politique, dans la presse et dans les lettres, avaient été conviés à cette solennité. Ce fut avec une émotion singulière que l'on sentit le train s'arrêter, après un trajet de 18 minutes, au bas de la côte de Saint-Germain, où les meilleures voitures publiques n'arrivaient qu'en deux heures et demie.

Les ingénieurs qui avaient exécuté ce premier railway, étaient ceux-là mêmes qui en avaient fait les études préalables, c'est-à-dire M. Eugène Flachat et M. Stéphane Flachat, son frère, ingénieurs civils, réunis à deux ingénieurs des mines, MM. Lamé et Clapeyron.

Fig. 140. — Eugène Flachat.

M. Eugène Flachat fut, peu de temps après, nommé directeur de ce chemin de fer.

M. Eugène Flachat est né en 1802. Après avoir construit avec les ingénieurs, dont nous venons de citer les noms, le chemin de fer de Paris à Saint-Germain, il a construit seul les chemins d'Auteuil et d'Argenteuil, et plus tard, le chemin du Pecq, à Saint-Germain, et dirigé, pendant plusieurs années, le service technique de ces chemins de banlieue. Tous ses travaux de construction ont un cachet particulier d'élégance et de légèreté.

Un grand nombre d'ingénieurs civils ont débuté dans le bureau de M. Eugène Flachat. Doué d'une érudition extraordinaire, M. Eugène Flachat a pris part à la rédaction de plusieurs ouvrages très estimés : *Le Guide du mécanicien constructeur*, — *Le Nouveau Portefeuille de l'ingénieur*, — *La Métallurgie du fer*, — *La Traversée des Alpes par un chemin de fer*, etc. Il a fait partie du jury de toutes les expositions, et son rapport sur l'exposition de Londres en 1862, a été fort remarqué.

M. Eugène Flachat conserve encore toute la vivacité de la jeunesse. Aussi remarquable par son esprit que par son savoir, il se montre d'une bienveillance extrême envers tous ceux qui réclament son appui ou ses conseils. Les travaux du chemin de fer de Montpellier à Cette furent commencés en 1836.

Je me souviendrai toujours du plaisir que j'éprouvais à suivre les travaux de la grande tranchée que nécessitait, sur le tracé de la ligne de Cette, une colline s'étendant aux portes mêmes de Montpellier. Pierre Dunal, frère de Félix Dunal, professeur de botanique à la Faculté des sciences de Montpellier, s'était chargé, à l'entreprise, du travail de cette tranchée, et il se plaisait à m'initier aux opérations diverses qu'il faisait exécuter par une vingtaine d'ouvriers, placés sous sa direction. Âgé alors de 17 ans, je ne pouvais me détacher de la compagnie du bon Dunal, qui m'entretenait sans cesse des merveilles, encore inconnues, qu'allait révéler à la France l'établissement prochain des voies ferrées. Le chemin de fer de Montpellier à Cette, créé par l'ingénieur anglais Brunton, fut le précurseur de ces merveilles.

Le chemin de fer de Montpellier à Cette fut ouvert en 1839. D'une longueur de 27 kilomètres, il était à une seule voie, et d'une construction fort imparfaite, ce qui s'explique par la nouveauté de ce genre de travail en France. La voie établie par M. Brunton nécessita de fréquentes réparations et rectifications. Depuis qu'il a été compris dans la ligne de Bordeaux à Cette, ce chemin a été pourvu de deux voies, et placé dans les conditions de tous les autres.

En 1838, furent inaugurés les deux chemins de Paris à Versailles, dont l'un suivait la rive gauche et l'autre la rive droite de la Seine. Une ordonnance du 26 mai 1837, avait adjugé le chemin de la rive droite à MM. Rothschild et Cie, et celui de la rive gauche à MM. Fould et Cie.

Le chemin de la rive gauche fut une entreprise désastreuse pour les actionnaires. La fatale catastrophe du 8 mai 1842, dans laquelle périrent tant de personnes, et parmi elles, l'amiral Dumont d'Urville, qui trouva la mort dans les flammes, après s'être illustré par son voyage dans les glaces du pôle austral, hâta à la ruine de cette entreprise. Elle a été relevée par la fusion de cette ligne avec celle de Chartres.

Le chemin de Paris à Versailles, par la rive droite, fut une opération financière satisfaisante, et une oeuvre remarquable au point de vue technique. Ce chemin est aujourd'hui d'une grande importance, comme tête de ligne des chemins de l'Ouest, qui comprennent ceux de Paris à Cherbourg, d'Évreux à Caen, de Paris à Nantes, à Brest, etc.

Le directeur des chemins de fer de l'Ouest, est M. Jullien.

Né en 1803, M. Adolphe Jullien fit ses premières études en Suisse, chez Pestalozzi. En 1821, il entra, dans les premiers rangs, à l'École polytechnique, et devint ensuite l'un des élèves les plus distingués de l'École des ponts et Chaussées. Tout jeune encore, il se fit remarquer par un magnifique travail de construction : le pont-aqueduc du bec d'Allier, dont il dirigea l'exécution avec une supériorité incontestable.

La compagnie du chemin de fer d'Orléans, cherchait un ingénieur. Les chefs du corps des Ponts et Chaussées désignèrent M. Jullien comme le plus expérimenté et le plus capable. Il justifia bientôt leur recommandation.

Telle fut la réputation que M. Jullien s'était acquise, que la compagnie du chemin de fer de Lyon l'enleva à celle du chemin de fer d'Orléans, pour le faire directeur de ses travaux et de ses exploitations. Ce fut ensuite la compagnie de l'Ouest qui vint réclamer son concours.

M. Jullien s'est toujours fait remarquer, autant par la solidité de son jugement et sa fraternelle sollicitude pour ses employés, que par ses connaissances étendues. On lui a reproché, dans ses constructions, un excès de solidité, qui a pour conséquence un excès de dépense. Le temps seul prouvera si ses adversaires, en construisant plus légèrement, n'ont pas compromis l'avenir au profit du présent. Depuis que nous avons vu les chemins de fer de l'Italie, si légèrement établis, que l'on est souvent forcé de suspendre le service, à la suite de longues pluies, comme en Toscane, ou par les dégâts qu'occasionnent les torrents des Apennins, comme aux bords de l'Adriatique, nous sommes, en fait de construction de voies ferrées, de l'école de M. Jullien.

Le 3 mai 1845, fut ouverte la ligne ferrée de Paris à Orléans, sur une longueur de 122 kilomètres, avec embranchement de 12 kilomètres, de Juvisy à Corbeil, en tout 134 kilomètres.

M. Didion fut nommé directeur du chemin de fer de Paris à Orléans.

M. Didion, né en 1803, entra en 1820, à l'École polytechnique, le premier de sa promotion, et en sortit également le premier.

Pendant plusieurs années après sa sortie de l'École des Ponts et Chaussées, M. Didion resta, pour ainsi dire, enterré, comme ingénieur ordinaire, dans le midi de la France. Toutefois il avait deviné l'importance des chemins de fer, lorsque tant d'autres la contestaient encore, et il avait su prédire leur avenir dans plusieurs articles du journal *l'Industriel et le Capitaliste*, publié alors par MM. Jules Burat et Perdonnet.

Comme associé de M. Talabot, M. Didion avait construit, dans des conditions difficiles deux des premiers chemins de fer qui aient été exécutés en France, ceux d'Alais à Beaucaire, et de Nîmes à Montpellier.

Une capacité de cet ordre devait se produire sur un plus grand théâtre. M. Talabot, si bon appréciateur du mérite, emmena M. Didion à Paris, où il fut bientôt estimé à sa véritable valeur.

Nommé directeur du chemin d'Orléans, M. Didion a rendu, dans cette position, d'éminents services à l'industrie des chemins de fer.

Dans le conseil des Ponts et Chaussées, dans les commissions gouvernementales, il a exercé une grande et légitime influence. Son ancien camarade, le général Cavaignac, voulut le nommer ministre des travaux publics; mais Didion déclina modestement cette proposition brillante.

La loi de 1842 inaugura en France une ère sociale nouvelle, en réunissant les forces de l'industrie et celles de l'État, pour la création d'un grand réseau embrassant toute l'étendue du territoire français. Ce n'est qu'à cette époque que l'on vit cesser la déplorable opposition, que l'administration supérieure avait faite pendant dix ans, à l'établissement de nos voies ferrées.

Fig. 141. — Didion

Bientôt les grandes artères du réseau français purent être livrées au public, et un nouveau système de communication unissait par des voies rapides le Nord avec le Midi, l'Est avec l'Ouest, l'Océan avec la Méditerranée. Aux grands travaux qui ont doté la France du magnifique réseau de ses voies ferrées actuelles, se rattachent les noms d'ingénieurs éminents qui resteront comme des gloires nationales, dans les souvenirs de la génération nouvelle.

Le chemin de fer du Nord est une des plus importantes, parmi les grandes lignes construites conformément à la loi de 1842.

Le chemin de fer du Nord comprend la ligne de Paris à la frontière belge, par Lille et Valenciennes, la ligne de Lille à Calais et à Dunkerque, la ligne de Fampoux à Hazebrouck et celle de Creil à Saint-Quentin. Les deux premières ont été adjugées le 16 septembre 1845, pour une durée de jouissance de 38 ans ; la troisième, à la même date pour 37 ans, et la dernière pour 23 ans. La longueur totale de ces lignes est de 639 kilomètres. A ces divers chemins il faut ajouter celui de Vireux à la frontière de Belgique, et divers autres embranchements qui font que de tous les chemins français, le chemin de fer du Nord est celui où la circulation est la plus active.

M. Jules Pétiet est le directeur de l'exploitation et de la traction, au chemin de fer du Nord.

Né en 1813, M. Jules Pétiet entra à l'École centrale des arts et manufactures, en 1830, au moment de la fondation de cette école. Il y fit de brillantes études dans deux spécialités, celle de mécanique et celle de métallurgie, et obtint le diplôme d'ingénieur dans l'une et dans l'autre. Peu de temps après sa sortie de l'École centrale, il travailla à la construction du chemin de fer d'Alais à Beaucaire, sous les ordres de MM. Talabot et Didion. Plus tard, il fut placé à la tête du bureau de M. Eugène Flachat, et bientôt il fut désigné par M.Perdonnet, pour remplir le poste de directeur du chemin de Versailles, rive gauche.

Fig. 142. — Jules Pétiet.

Il fit preuve, dans cet emploi élevé, d'une telle capacité, d'une science si complète, et d'une si grande activité, que la compagnie du chemin du Nord l'appela, pour diriger l'exploitation et les ateliers de ce chemin. Cette double tâche était bien difficile à une époque, où l'on n'avait encore qu'une faible expérience de ces deux services sur la ligne la plus fréquentée de France. M. Pétiet l'accomplit avec une évidente supériorité.

Le chemin de fer de Strasbourg a été voté et adjugé en 1843. Les embranchements principaux sont ceux de Reims, Metz, Sarrebruck, Mulhouse, etc.

M. Perdonnet a attaché son nom aux travaux des chemins de l'Est, dont il est aujourd'hui administrateur.

M. Auguste Perdonnet avait été l'un des ingénieurs en chef du chemin de Paris à Versailles (rive gauche). Mais il se retira de la compagnie, un an avant la catastrophe du 8 mai 1842. Il étudia alors les projets de plusieurs lignes, telles que celles de Fontainebleau à Nemours, Angoulême à la Rochelle, Besançon à

Belfort, etc., et fut directeur des travaux du chemin de Fampoux à Hazebrouck, interrompus à la suite d'une crise financière.

En 1845, il devint administrateur-directeur de la grande ligne de l'Est, plus spécialement chargé de la haute surveillance des travaux de construction du matériel et de la traction, c'est-à-dire de tout le service technique. Il a participé, en cette qualité, à la rédaction des projets et à leur exécution, pendant quinze ans, sur ce vaste réseau.

M. Perdonnet a publié des ouvrages importants sur les chemins de fer. Il faut citer, en première ligne, son grand *Traité des chemins de fer*, ouvrage magistral, composé de quatre volumes, accompagnés de magnifiques planches, et qui fera toujours autorité dans la matière. On lui doit encore la publication d'un recueil précieux, *le Portefeuille de l'ingénieur*, publié en collaboration avec MM. Camille Polonceau et Eugène Flachat.

Fig. 143. — Sauvage, directeur du chemin de fer de l'Est.

M. Perdonnet a créé, pour ainsi dire, un grand nombre d'ingénieurs de chemins de fer, devenus célèbres depuis, tels que MM. Pétiet, Camille Polonceau, Vuillemin, Forquenot, Meyer, etc., non seulement par son enseignement oral, mais encore par l'aide qu'il leur a prêtée, en les plaçant dans les grandes compagnies, et en dirigeant leurs efforts dans celles de Versailles et de l'Est.

Il faut ajouter que M. Perdonnet, animé d'un zèle ardent pour les progrès de l'instruction des masses populaires dirige, depuis trente ans, cette admirable Association polytechnique, composée d'anciens élèves de l'École polytechnique, qui donne à des milliers d'ouvriers de la capitale, les bienfaits d'une instruction gratuite, par des cours confiés à nos plus éloquents et nos plus habiles professeurs dans les sciences pures et appliquées.

Le directeur du chemin de fer de l'Est est M. Sauvage.

Sorti le premier de l'École polytechnique, M. Sauvage s'est toujours distingué, non seulement par son aptitude scientifique, mais encore par son aptitude administrative. Il s'est fait connaître par de beaux travaux de toute nature. En 1848, il fut désigné par le gouvernement, comme administrateur du séquestre de la compagnie d'Orléans, et s'acquitta parfaitement de sa mission.

D'abord ingénieur en chef du matériel et de la traction du chemin de fer de Lyon, puis, ingénieur en chef du chemin de l'Est, il a été nommé, en 1861, directeur général de cette compagnie, à laquelle il a rendu les plus grands services, notamment dans ses négociations avec l'État, pour la rédaction de ses conventions. Il a fait preuve, dans ces négociations, d'une très grande supériorité, qu'il aura sans doute occasion d'appliquer sur un plus grand théâtre.

Fig. 144. — Paulin Talabot, directeur du chemin de fer de Paris-Lyon-Méditerranée.

Le chemin de fer de Paris à Lyon, qui embrasse une longueur de 515 kilomètres, s'est fusionné plus tard avec celui de Lyon à Marseille, et ne forme aujourd'hui, qu'une seule ligne, sous le nom de Paris-Lyon-Méditerranée. M. Talabot est le directeur de cette importante ligne.

Né en 1799, M. Paulin Talabot est le doyen des directeurs des chemins de fer français. Il fait partie de cette brillante cohorte qui combattit avec succès pour introduire en France les chemins de fer, lorsqu'ils avaient à lutter contre les préventions du public et la résistance de l'État.

M. Talabot débuta dans la carrière des chemins de fer, en construisant avec M. Didion, le chemin d'Alais à Beaucaire. Il présida également aux difficiles travaux du chemin d'Avignon à Marseille, et ne tarda pas à diriger ceux du chemin de Lyon à la Méditerranée. Au moment de la fusion des chemins de Paris à Lyon et de Lyon à la Méditerranée, il devint le directeur du chemin de Paris-Lyon-Méditerranée.

Il occupe encore ce poste aujourd'hui.

M. Talabot n'est pas seulement un ingénieur habile ; c'est un homme d'affaires du premier ordre, un spéculateur d'une hardiesse extrême. La direction du chemin de Paris à la Méditerranée semblerait devoir absorber tous les moments de l'administrateur le plus actif.

Cependant M. Talabot, tout en y consacrant ses soins, a trouvé le moyen d'organiser plusieurs grandes compagnies de chemins de fer : celles du chemin Lombardo-Vénitien, des chemins Portugais, des chemins Sud de l'Italie, la grande compagnie pour l'exploitation industrielle de l'Algérie, etc. Quelle étonnante activité n'a-t-il pas dû déployer pour suffire à tant d'oeuvres diverses !

M. Talabot a trouvé, pour la partie financière, un puissant appui dans la maison Rotschild, dont il possède toute la confiance.

Le chemin de Paris à Bordeaux, ou plutôt d'Orléans à Bordeaux, fut adjugé le 9 octobre 1844, à une compagnie anglaise. Les travaux furent terminés en 1850. Pour relier Bordeaux à la Méditerranée, il restait à construire les lignes de Bordeaux à Cette, et de Bordeaux à Bayonne. Par une loi du 26 juin 1846, MM. Péreire obtinrent la concession de cette dernière et importante voie.

Fig 145. — Surell, directeur du chemin de fer du Midi.

Le chemin de fer de Bordeaux à Cette, d'une longueur de 526 kilomètres, est venu compléter l'oeuvre commencée par le génie de Riquet, c'est-à-dire créer de l'Océan à la Méditerranée, de Bordeaux à Cette et à Marseille, une ligne non interrompue de communications, qui réalise cette jonction des deux mers, désirée depuis tant de siècles.

M. Surell a fait exécuter la plus grande partie des travaux du chemin de fer de Cette à Bordeaux, dont il est aujourd'hui directeur.

Né en 1813, M. Surell entra à l'École polytechnique. Il fut envoyé, en 1836, dans les Hautes-Alpes, comme ingénieur des Ponts et chaussées. Le travail qui révéla sa capacité et toutes les ressources de son esprit, fut une très remarquable *Étude sur les torrents et déboisements*, qui fut couronnée par l'Institut, en 1842.

L'*Étude sur les torrents* de M. Surell, a été la base des nombreuses recherches auxquelles nos ingénieurs se sont livrés, dans ces dernières années, sur le reboisement des montagnes et le gazonnement, comme moyen d'arrêter les eaux pluviales sur les pentes des lieux déclives, et de prévenir ainsi les inondations. Ce moyen, généralisé par l'État depuis les terribles inondations de la Loire et du Rhône, en 1856, a rendu, et rendra dans l'avenir, d'inestimables services, en mettant obstacle ou diminuant les dangers des débordements de nos fleuves et rivières.

En 1843, M. Surell fut nommé ingénieur des travaux qui s'exécutaient sur le Rhône et dans la Camargue. Le sol de la Camargue est d'une disposition toute particulière. En certains points, il est recouvert, par intervalles, d'eau salée, par son voisinage de la Méditerranée ; en d'autres points, il est inondé par le Rhône ; ailleurs, il est toujours sec. Cette singulière région du midi de la France, qui s'étend des portes d'Avignon jusqu'aux embouchures multiples du Rhône, et rappelle les maremmes de la Toscane ou les rives du Nil égyptien a, de tout temps, fait appel aux lumières des ingénieurs, des agriculteurs et des industriels. Pendant son séjour en Provence, M. Surell se distingua par un grand nombre de travaux, ou projets, relatifs à l'endiguement des bouches du Rhône, au canal projeté sous le nom de canal Saint-Louis, aux irrigations de la Camargue, à l'assainissement du delta du Rhône, etc.

En 1852, la compagnie du chemin de fer du Midi (Bordeaux à Cette) appela M. Surell à Toulouse, comme ingénieur en chef de la construction. Il fut nommé, en 1854, directeur de l'exploitation, à Bordeaux. Enfin, il a été nommé, en 1859, directeur, à Paris, de la même compagnie, chargé des deux services de la construction et de l'exploitation.

Nous venons de tracer dans cette esquisse rapide, l'histoire de la création des principales lignes qui sont comme les branches et les rameaux de l'arbre des chemins de fer français. En résumé, on le voit, tous nos ports de premier ordre sont aujourd'hui desservis par des chemins de fer aboutissant à la capitale. Les bassins houillers, les contrées agricoles et les centres manufacturiers, sont reliés aux marchés qui offrent un débouché à leurs produits. Le réseau français, se rattachant à ceux des pays limitrophes, assure notre communication avec tous les points de l'Europe.

Au 31 décembre 1863, la longueur totale des chemins de fer français en exploitation, était de 13,570 kilomètres. Quand toutes les lignes concédées auront été achevées, cette longueur atteindra plus de 20 000 kilomètres. Nous pourrons alors, sous ce rapport, nous comparer à l'Angleterre.

Les chemins de fer déjà construits en France, représentent un capital de 6 milliards ; ceux qui vont l'être, coûteront encore 3 milliards. Mais la valeur des capitaux engagés dans ces sortes d'entreprises augmente chaque jour. Elles constituent donc un élément de prospérité certain et des plus puissants pour le pays. Toutes nos grandes industries en ont largement profité, et par suite, notre vie sociale a subi de profonds et utiles changements. Quand, un jour, les chemins de fer de l'Algérie seront terminés, ils consolideront notre puissance en Afrique, mieux encore que la présence de nos armées, dont ils permettront de diminuer considérablement l'effectif. Enfin, on arrivera peut-être à unir par un chemin de fer, nos colonies d'Algérie à nos possessions du Sénégal, à travers les déserts de l'Afrique. Ce ne serait pas une entreprise plus difficile que celle de bien d'autres routes, qui sont aujourd'hui en voie d'exécution en différents pays.

La Belgique, grâce au roi Léopold, a devancé, dans l'exécution d'un vaste réseau national, toutes les grandes monarchies européennes.

La loi qui décréta la création du réseau belge, fut promulguée dès 1834, et l'on peut dire que c'est à l'oeuvre des chemins de fer que ce pays, alors nouvellement constitué, dut sa prospérité et peut-être sa nationalité même.

Les Belges, nos premiers maîtres dans l'art de construire les chemins de fer, sont ensuite devenus pour nous de très utiles auxiliaires.

Le véritable créateur des chemins de fer en Belgique, c'est le roi Léopold, et l'ingénieur qui eut le mérite de mettre à exécution les idées du souverain, c'est Pierre Simons.

Né en 1797, à Bruxelles, dans la condition la plus modeste, Pierre Simons débuta dans la carrière des travaux publics, par l'emploi d'aide temporaire.

En Belgique, où les voies navigables jouent un si grand rôle, Simons eut d'abord à s'occuper de travaux de navigation, qui mirent ses talents en évidence.

A l'âge de trente ans, il était déjà ingénieur ordinaire de première classe. Le gouvernement des Pays-Bas, appréciant sa capacité, se proposait de l'attacher à une entreprise des plus considérables à l'étranger : il s'agissait du percement de l'isthme de Panama, pour la jonction de l'océan Atlantique au Pacifique. Mais la révolution de 1830 vint détourner la Belgique de cette idée.

Le roi Léopold et son ministre Charles Rogier, appréciaient parfaitement le rôle économique et le rôle politique destiné aux chemins de fer. Ils comprenaient tout le parti spécial qu'ils pourraient en tirer, pour fixer la position du peuple belge, petit par le nombre de ses habitants et l'étendue de son territoire, mais grand par son intelligence et l'excellence de ses institutions. Le ministre Charles

Rogier, appela, dès l'année 1833, Pierre Simons, avec son beau-frère de Ridder, à faire les premières études du réseau des chemins de fer belges.

En peu de temps, le jeune ingénieur fut en état de présenter les plans des grandes voies de communication qui devaient unir les différentes parties de la Belgique entre elles et avec les pays voisins. Pierre Simons eut aussi la mission flatteuse, de défendre devant les chambres de la Belgique, comme commissaire du gouvernement, le projet de loi relatif à ces travaux.

Fig. 146. — Pierre Simons, créateur des chemins de fer belges.

La direction des travaux des chemins de fer lui fut confiée, par un arrêté royal du 31 juillet 1834.

Cinq ans après, le 6 mai 1839, la Belgique inaugurait le chemin de fer de Bruxelles à Malines. En 1836, avait été déjà inauguré le chemin de Malines à Anvers.

Pierre Simons était comblé d'honneurs, et jouissait d'une réputation européenne, lorsqu'il fut atteint d'une disgrâce imprévue.

M. Charles Rogier ayant quitté le ministère des travaux publics, son successeur n'eut pas pour Pierre Simons, tous les égards que ce savant méritait. Simons refusa d'accepter un emploi qui ne lui paraissait pas en rapport avec les services qu'il avait rendus, et le ministre crut devoir le mettre en disponibilité. Cet acte d'ingratitude envers un homme qui s'était fait remarquer par son zèle, sa probité et ses rares talents, eut dans toute la Belgique un retentissement douloureux.

Les hommes qui vivent surtout par l'intelligence, ceux dont les travaux et l'étude exaltent encore la noblesse des sentiments naturels, sont éminemment sensibles à l'injustice. Pierre Simons, blessé au coeur, résolut de quitter la Belgique. Il avait accepté la mission de se rendre en Amérique, pour créer un réseau de chemins de fer dans l'État de Guatemala. Mais ses longs travaux et ses chagrins avaient ruiné sa santé. Quand vint le moment du départ pour l'Amérique, il fallut le porter à bord de la goélette de l'État, la *Louise-Marie*, qui l'enlevait pour toujours à sa patrie.

Pierre Simons ne toucha pas même le sol de l'Amérique. Son voyage ne fut qu'une agonie. Il expira à bord de la goélette, le 14 mai 1843, à l'âge de quarante-six ans.

Le buste de cet ingénieur éminent se voit aujourd'hui, dans la principale station du chemin de fer, à Bruxelles. Mais le plus beau monument qui consacre sa mémoire, c'est le réseau entier des chemins de fer belges, dont il avait arrêté les bases, et dont il posa le premier rail.

La Hollande, en raison des nombreux et admirables canaux qu'elle possède, ne s'est décidée à créer des lignes ferrées qu'après de longues hésitations. Une concession, accordée dès 1832, fut bientôt abandonnée, faute de capitaux. Mais alors le roi Guillaume Ier, mieux avisé que ses chambres entreprit, à ses risques et périls, l'exécution de la ligne d'Amsterdam à Arnheim, au moyen d'un emprunt dont il garantit les intérêts. Cette ligne fut achevée en 1845.

Depuis cette époque, et malgré l'opposition incessante des chambres, la Hollande a été dotée d'un réseau national.

Le premier chemin de fer à locomotives qui ait été construit en Allemagne, est celui de Nuremberg à Fürth. Il fut exécuté par un ingénieur d'origine française, M. Denis ou von Denis, avec la particule nobiliaire allemande. Le second fut celui de Berlin à Potsdam.

En 1840, tandis qu'en France on ne comptait encore que 440 kilomètres de chemin de fer exécutés, l'Allemagne en possédait déjà 800 kilomètres en exploitation, et 1,000 kilomètres de routes projetées. Aujourd'hui, l'Autriche a plus de 5,550 kilomètres de routes ferrées, la Prusse 6,000, le reste de l'Allemagne 5,600.

Né en 1814, dans la Bavière Rhénane, qui faisait alors partie de la France, von Denis devint élève de notre École polytechnique. En 1816, la promotion de l'École polytechnique dont il faisait partie ayant été licenciée, il entra au service du gouvernement de la Bavière, qui l'éleva successivement aux grades d'ingénieur civil ordinaire, d'ingénieur en chef et de conseiller supérieur au corps royal des Ponts et chaussées.

En 1833, l'Angleterre, la Belgique et les États-Unis d'Amérique, commençaient à créer des voies ferrées.

Von Denis consacra plus d'une année à visiter les travaux de construction qui se faisaient dans ces divers pays. Il apprécia ainsi tous les avantages de la locomotion par la vapeur, à l'époque où la plupart des hommes de science les contestaient.

Fig. 147. — Von Denis,
créateur des chemins de fer d'Allemagne.

C'est en 1835 que von Denis créa le premier chemin à locomotives qui ait encore existé en Allemagne : celui de Nuremberg à Fürth.

De 1836 à 1840, il construisit ceux de Munich à Augsbourg, et de Francfort-sur-le-Mein à Mayence et à Wiesbaden.

En 1841, le gouvernement bavarois lui confia la haute direction des chemins de fer de l'État. Il la quitta bientôt, pour prendre celle des chemins de fer de la Bavière et de la Hesse Rhénane, qui fournissaient plus d'aliments à son activité.

De 1844 à 1853, von Denis construisit les lignes de Ludwigshafen à la frontière de Prusse, près Sarrebrück, de Ludwigshafen à Mayence, et de Neustadt à Wissembourg, avec embranchements sur Spire et sur Deux-Ponts.

En 1856, il fut appelé à la direction du réseau de l'Est, de la Bavière, comprenant les lignes suivantes :

1. De Munich par Ratisbonne à Eger en Bohême, dans la direction de Leipzig, avec embranchement de Vayden à Bayreuth, dans la direction de Cobourg, Hanovre et Bremen ;
2. De Nuremberg par Amburg et Schwandorf à la frontière de Bohême par Foorth, dans la direction de Prague ;
3. De Ratisbonne à la frontière d'Autriche, près Passau, dans la direction de Vienne.

Ces trois lignes, d'une longueur totale de 612 kilomètres, sont aujourd'hui en exploitation.

C'est à von Denis que l'on doit l'invention du rail à patin, qui a rendu de véritables services. Il s'est aussi beaucoup occupé de la fabrication de l'acier fondu, dont l'emploi est si précieux pour les locomotives.

M. Perdonnet, dans son *Traité des chemins de fer*, insiste sur l'économie, la solidité et l'élégance qui distinguent les constructions de von Denis.

> « Une des premières lignes qu'il ait établies, dit M. Perdonnet, celle de la frontière de Prusse à Ludwigshafen, traversant un pays très accidenté, se trouvait dans des conditions d'exécution exceptionnellement difficiles, et l'on ne possédait pas encore l'expérience que l'on a acquise depuis lors, dans l'art de construire des chemins de fer. von Denis cependant surmonta, en restant dans les limites de son devis, toutes les difficultés qu'il avait à combattre avec un rare bonheur ou plutôt avec un rare talent. Nous avons parcouru cette ligne dans toute sa longueur à pied, nous l'avons visitée dans tous ses détails, et nous croyons pouvoir affirmer qu'il en est bien peu plus dignes d'être étudiées par les ingénieurs[13]. »

Un autre ingénieur éminent auquel l'Allemagne a dû l'établissement d'une partie de ses voies ferrées, c'est Charles Etzel, le constructeur des lignes de Wurtemberg et d'une partie de celles de l'Autriche.

Charles Etzel naquit à Heilbronn, en 1812. Son père, ingénieur estimé, à qui le Wurtemberg doit ses excellentes routes, voulut d'abord en faire un théologien. Mais le fils avait une vocation irrésistible pour la profession d'architecte, et il fallut bien le laisser faire. Après avoir terminé ses humanités en Allemagne, le jeune Etzel se rendit, en 1835, à Paris, pour y achever ses études professionnelles. Au bout d'un an, il avait déjà trouvé l'occasion de se faire remarquer par un travail qui révélait ses aptitudes : c'était le projet de construction du pont d'Asnières. Ce projet fut adopté, et on lui en confia l'exécution.

Fig. 148. — Charles Etzel, ingénieur des chemins de fer du Wurtemberg.

En 1837, Charles Etzel publia à Paris, un ouvrage sur *les grands chantiers de terrassements.*

Deux ans plus tard, nous le trouvons à Vienne, où il exécute des travaux d'architecture. C'est à cette époque que le gouvernement du Würtemberg

13 *Traité élémentaire des chemins de fer*, tome III, page 2.

songea sérieusement à construire un réseau de chemins de fer. On écrivit à Paris pour demander un homme capable de prendre la direction des travaux. « Adressez-vous à Charles Etzel » , fut la réponse qui arriva de Paris.

Quelque temps après, en 1843, Etzel entra, en effet, au service du Wurtemberg, en qualité de conseiller supérieur ; et c'est lui qui a dirigé la construction des principales lignes ferrées de cet État.

Tous ses projets se distinguent par la hardiesse des ouvrages d'art et par la sage économie qui a présidé au tracé des lignes. Il a dirigé également la construction de plusieurs grandes lignes suisses et autrichiennes. Le passage du Brenner peut être considéré comme son ouvrage ; c'est assurément ce qu'il a conçu de plus grand.

Etzel est mort le 2 mai 1865.

La Suisse, dont le sol accidenté semblait offrir les plus sérieux obstacles à la construction des routes ferrées, a longtemps hésité avant de participer au mouvement général. Ce n'est que depuis 1852 que la Confédération suisse songea à tirer parti du nouveau mode de transport.

En Espagne, au contraire, on avait songé, dès 1830, à ce genre de travaux publics. Mais une concession accordée à cette époque, resta sans effet. Cependant le camino de hierro de Reuss à Tarragone, était déjà exécuté en 1834.

Aujourd'hui, le réseau espagnol est relié au réseau français, par un tunnel qui traverse les Pyrénées ; si bien que l'on va de Paris à Madrid, sans changer de wagon. Quand on aura amélioré les routes ordinaires en Espagne, de manière à rendre les chemins de fer accessibles aux populations de la campagne, ce pays, si fertile et si riche en produits minéraux comme en produits agricoles, pourra reconquérir sa prospérité primitive.

L'Italie est entrée fort tard dans le mouvement dont nous traçons les principaux résultats. Depuis l'affranchissement de ce grand pays, depuis la disparition des petites dynasties qui morcelaient son territoire, au grand détriment des intérêts généraux et de l'honneur national, les chemins de fer ont pris en Italie, un essor qui ne fera que s'accroître. Tout le nord de l'Italie est sillonné de chemins de fer. Les lignes de rails vont sans interruption de Turin à Venise, de Turin à Gênes, à Bologne, à Parme, à Florence, à Livourne, etc. Quand la petite lacune qui existe d'Orbitello à Civita-Vecchia (États Romains), sera comblée, on ira de Livourne et de Florence à Rome, en chemin de fer. Une ligne ferrée joint, depuis plusieurs années, Rome et Naples, et la même ligne ne tardera pas à descendre jusqu'à la pointe qui envisage la Sicile.

D'un autre côté, une immense ligne ferrée sillonne déjà toutes les côtes de l'Adriatique depuis Ravenne et Rimini, jusqu'à Bari dans les Calabres. Ce chemin de fer des côtes de l'Adriatique ne tardera pas à parvenir à l'extrémité méridionale de l'Italie, et ainsi sera complétée cette ligne, unique au monde, qui, partant de Gênes, descendra à la pointe de l'Italie, puis suivant les côtes de l'Adriatique, remontera par Ancône jusqu'à Venise, enserrant l'Italie entière. Quel plaisir alors et quelles facilités pour les touristes qui voudront visiter ces contrées sans rivales !

La Russie est en retard pour les chemins de fer, comme pour le reste, sur les autres nations de l'Europe. Elle a cependant joui d'un des premiers chemins de fer à locomotive : c'est celui de Saint-Pétersbourg à Tsarskoeselo, sur une étendue de 27 kilomètres.

Les grands réseaux aujourd'hui en voie d'exécution dans l'Empire russe, exerceront une influence éminemment salutaire sur le développement du commerce intérieur. Ils permettront, de plus, d'expédier dans toute l'Europe, d'immenses quantités de blé qui, jusqu'à ce jour, sont perdues pour les autres pays, faute de moyens de transport.

Quand les chemins de fer russes et la grande ligne qui doit aboutir au fleuve Amour, dans la Mongolie, seront achevées, on pourra presque aller de Paris à Pékin en chemin de fer !

En Amérique, les voies de communication par terre étaient à peine praticables avant l'établissement des chemins de fer. Aussi, nulle part, l'utilité et les avantages des nouveaux moyens de communication, n'ont-ils été aussi profondément sentis. On avait d'abord préféré construire des canaux ; et l'on exécuta aux États-Unis 8 000 kilomètres de canaux. Ils complétaient la navigation intérieure des rivières et des grands lacs. Cependant les canaux ne tardèrent pas à baisser pavillon devant les chemins de fer.

Le premier *rail-way* fut construit en 1825[14] entre Quincy et Boston. Il était destiné au service des carrières de granit. Vers 1828, l'ingénieur Wilson commença le chemin de fer de Philadelphie à Columbia ; et vers la même époque, l'ingénieur Knight entreprit celui de Baltimore à l'Ohio, qui devait avoir une longueur de 96 kilomètres, et qui fut ouvert en 1832.

Après s'être mis à l'oeuvre avec la hardiesse et l'âpreté qui sont leurs traits caractéristiques, les Américains poursuivirent leur tâche bien plus rapidement que les Anglais, qu'ils laissèrent bientôt en arrière. Les premiers projets conçus prirent aussitôt des proportions gigantesques. Dès 1828, l'ingénieur Redfield, dans une brochure publiée à New-York[15], développa le plan d'un chemin de fer qui devait réunir la côte de l'Atlantique à la vallée du Mississipi. Ce projet, réalisé depuis, parut à cette époque, aussi audacieux que nous paraît aujourd'hui

14 D'après M. Audiganne (*Les chemins de fer aujourd'hui et dans cent ans*).

15 *Sketchof a great railway beetween the atlantic states and the valley of Missisipi*, by M. Redfield. New-York, 1828.

celui du chemin de fer qui doit traverser les Montagnes Rocheuses, pour joindre les deux Océans, à travers tout le continent d'Amérique. Ce dernier projet deviendra peut-être, à son tour, une réalité dans quelques dizaines d'années ; et ce résultat sera tout aussi important que le percement, toujours projeté et toujours retardé, de l'isthme de Panama.

M. Robinson, un des plus célèbres ingénieurs des États-Unis, a présidé à la construction de la plupart des chemins récemment établis dans l'Amérique du Nord.

Fig. 149. — Robinson, ingénieur des États-Unis d'Amérique.

Né en 1802, M. Robinson commença un peu tard ses études d'ingénieur. Il vint en France, à l'âge de vingt-trois ans, et fut admis à suivre les cours de l'École des Ponts et chaussées, à Paris. Il voyagea ensuite en Angleterre et en Hollande, pour perfectionner ses connaissances. De retour en Amérique, il ne tarda pas à se placer au premier rang des ingénieurs de son pays, et fut chargé de construire une des principales lignes ferrées de l'Amérique du Nord, celle de Philadelphie à Reading. Ce chemin de fer transporte à Philadelphie tous les charbons de la Pensylvanie.

M. Robinson a encore fait construire le chemin de fer de Acquia-Creek à Richmond, qui relie cette ville à celle de Washington, par les bateaux à vapeur du Potomac. Ce chemin de fer a joué un grand rôle dans la longue guerre qui a ensanglanté les États-Unis.

C'est à lui qu'on doit également la construction du chemin de fer de Pétersburg à Richmond, et celui de Norfolk à Weldon (Caroline du Nord), la ligne principale qui relie aux deux Caroline l'État de Virginie.

M. Robinson occupe aux États-Unis, tout à la fois comme ingénieur et comme savant, une des plus importantes situations.

A la fin de l'année 1852, on exploitait aux États-Unis, 20 000 kilomètres de chemin de fer ; à la fin de 1857, 42 000 kilomètres. Aujourd'hui, ce chiffre a été bien dépassé.

Les frais moyens d'établissement ne sont que d'environ 120 000 fr. par kilomètre pour les chemins de fer américains, tandis qu'ils sont en moyenne de 400 000 fr. pour ceux de l'Europe. Cette différence tient peut-être à la construction moins solide, des voies américaines, et aux facilités laissées aux entrepreneurs pour le choix des matériaux.

Les États du Sud de l'Amérique, l'Égypte, l'Asie Mineure, l'Inde, l'Australie, ont aujourd'hui leurs chemins de fer en exploitation.

CHAPITRE V

DESCRIPTION DE LA MACHINE LOCOMOTIVE.

On vient de suivre les différentes phases que la construction des locomotives a parcourues jusqu'à notre époque. On a vu ses perfectionnements principaux, depuis le premier modèle de Trevithick etVivian jusqu'aux machines construites en 1830, par George et Robert Stephenson, pour le chemin de fer de Manchester à Liverpool. Nous avons maintenant à donner la description de la locomotive actuelle, et à expliquer le mécanisme à l'aide duquel la force élastique de la vapeur s'y trouve utilisée.

Par son aspect extérieur, une locomotive ressemble assez peu à une machine à vapeur. Il faut quelque science pour démêler les éléments d'une machine de ce genre, dans ce véhicule élégant où l'action d'une force étrangère ne se trahit que par quelques bouffées de vapeur lancées en l'air par intervalles. Cependant les connaissances que nos lecteurs ont acquises dans les notices précédentes, doivent leur suffire pour reconnaître, à la première vue, qu'une locomotive renferme les parties essentielles d'une machine à vapeur.

Réduite à ses éléments les plus simples, une machine à vapeur se compose de trois parties : le foyer, la chaudière et l'appareil mécanique destiné à la transmission de la force. Or, ces trois éléments sont faciles à discerner à la simple inspection d'une locomotive. Le foyer s'aperçoit à sa partie postérieure. La chaudière, placée à sa partie moyenne, forme ce cylindre allongé, souvent revêtu d'une enveloppe de bois, et qui semble constituer la majeure partie de la locomotive. Enfin l'appareil moteur, formé de deux cylindres à vapeur, visibles au dehors, est installé en avant des roues.

L'examen des divers éléments qui viennent d'être énumérés, va nous permettre d'expliquer le mécanisme de la locomotive et la destination de ses principaux organes. Nous décrirons d'abord la chaudière et le foyer, nous passerons ensuite à l'appareil moteur qui imprime aux roues le mouvement de progression.

Chaudière et foyer de la locomotive.

La figure 150 représente une coupe verticale faite à l'intérieur de la chaudière et du foyer d'une locomotive. L'espace indiqué par la lettre M est désigné sous le nom de boîte à feu, l'espace QQ est la boîte à fumée. La boîte à feu est divisée en deux parties inégales par une grille horizontale destinée à supporter le combustible, que le chauffeur y introduit par la porte C. Au-dessous de la grille est le cendrier, qui donne accès à l'air et reçoit les cendres du foyer. Les barreaux de cette grille sont tous mobiles et susceptibles d'être rapidement enlevés, ce qui permet au mécanicien d'éteindre en quelques instants le feu ; il lui suffit de retirer les barreaux à l'aide d'une poignée attachée à un levier qui se trouve sous sa main, pour faire aussitôt tomber sur la voie le coke incandescent.

On voit, en examinant la coupe de la chaudière et du foyer, que ce dernier est entouré de toutes parts par l'eau de la chaudière, à l'exception de la partie qui correspond à la porte C ; l'eau enveloppant de cette manière, presque toute la capacité de la boîte à feu, tout l'effet du combustible se trouve utilisé.

Suivons maintenant la route que doivent prendre, pour se dégager au-dehors, l'air chaud et la fumée qui s'échappent du foyer. Cette particularité est des plus importantes à saisir ; elle suffit presque à elle seule pour donner l'intelligence de la machine locomotive.

Les produits de la combustion ne passent point directement du foyer M, où ils ont pris naissance, dans la boîte à fumée QQ, pour s'échapper dans l'air. Ils doivent traverser, avant de se dégager au-dehors, toute une longue série de tubes de cuivre, d'un petit diamètre, qui s'ouvrent d'une part dans le foyer, et d'autre part dans la boîte à fumée.

Ces tubes, dont on n'a représenté qu'un petit nombre sur la figure 150, sont au nombre de cent à cent vingt. Ils sont disposés horizontalement à travers la chaudière, l'eau qui remplit celle-ci n'occupant, de cette manière, que l'espace qui les sépare. En traversant ces tubes, l'air chaud et la fumée échauffent l'eau qui se trouve logée entre leurs intervalles, et provoquent, dans un temps très court, la formation d'une quantité prodigieuse de vapeur.

Cette disposition de la chaudière, dont l'invention est due, comme nous l'avons dit, à M. Séguin aîné, permet de donner à la surface chauffée une étendue de 50 mètres carrés. Elle rend compte de la quantité extraordinaire de vapeur, et par conséquent de la force mécanique que développe la chaudière des locomotives dans l'espace étroit qui lui est réservé.

Que devient maintenant la vapeur engendrée dans la chaudière ? Elle se réunit dans l'espace libre que la figure 150 nous montre au-dessus du niveau de l'eau NN. L'espèce de dôme indiqué par la lettre O, porte le nom de réservoir de vapeur. C'est de là que part le tuyau destiné à introduire la vapeur dans les deux cylindres. Dans toutes les machines à vapeur, la prise de vapeur se fait toujours à une certaine distance au-dessus du niveau de l'eau, afin d'empêcher des particules d'eau liquide, entraînées par le mouvement de l'ébullition, de passer dans l'intérieur des cylindres, dont elles altéreraient le jeu. Aussi la prise de vapeur se trouve-t-elle ici à la partie supérieure du dôme qui surmonte la chaudière. Partie de ce point, la vapeur passe dans un large tube UPE, qui la conduit dans l'intérieur des cylindres. Ce tube UPE traverse la chaudière dans toute son étendue. Arrivé à son extrémité, il se divise en deux pour conduire, à droite et à gauche, la vapeur dans chacun des cylindres.

Remarquons, avant de quitter cette figure, une pièce métallique OU, mise en mouvement par la manivelle T, placée sous la main du mécanicien ; elle sert à ouvrir ou à fermer à volonté l'entrée U du tuyau UPE. Quand cet orifice est ouvert, la vapeur passe dans le tube UPE et vient presser les pistons ; quand il est fermé, la vapeur n'a plus d'accès dans les cylindres et, privée ainsi de toute action motrice, la locomotive ne tarde pas à s'arrêter. Cette pièce OU, qui permet de mettre la machine en train ou de suspendre sa marche, porte le nom de régulateur.

La locomotive est une machine à vapeur à haute pression. Dans les machines de ce genre, lorsque la vapeur a produit son effet mécanique, on la rejette dans l'air. On aurait pu dans les locomotives, lâcher directement au-dehors la vapeur sortant des cylindres, comme on le fait dans les machines fixes à haute pression et sans condenseur. Mais nous avons dit plus haut que Robert Stephenson eut l'idée d'appliquer le courant de vapeur qui s'échappe des cylindres, à activer le tirage du foyer, en le dirigeant dans la cheminée. Grâce à cet artifice, on peut brûler cinq fois plus de combustible, et par conséquent, produire cinq fois plus de force que l'on n'en produirait en laissant simplement la vapeur se perdre dans l'atmosphère.

La disposition pratique adoptée pour mettre en oeuvre cet important moyen, est parfaitement indiquée dans la figure 151, qui représente l'avant d'une locomotive, en d'autres termes qui donne une coupe transversale de la boîte à fumée.

En sortant des deux cylindres que l'on a représentés sur cette figure par les lettres A, la vapeur suit deux tubes recourbés AB, qui vont en se rétrécissant, pour se réunir en un sommet commun G, au bas de la cheminée C, supportée par deux arcs-boutants QQ. La vapeur traverse avec une vitesse énorme, le

Fig. 150. — Coupe d'une locomotive, montrant la distribution de la vapeur.

tuyau de la cheminée ; elle se condense dans cet espace, d'une température inférieure à la sienne, et cette condensation produit un vide que vient aussitôt remplir l'air arrivant du foyer par les petits tubes. La succession rapide de ces deux phénomènes, détermine une aspiration d'air très vigoureuse, et provoque un tirage extraordinairement actif.

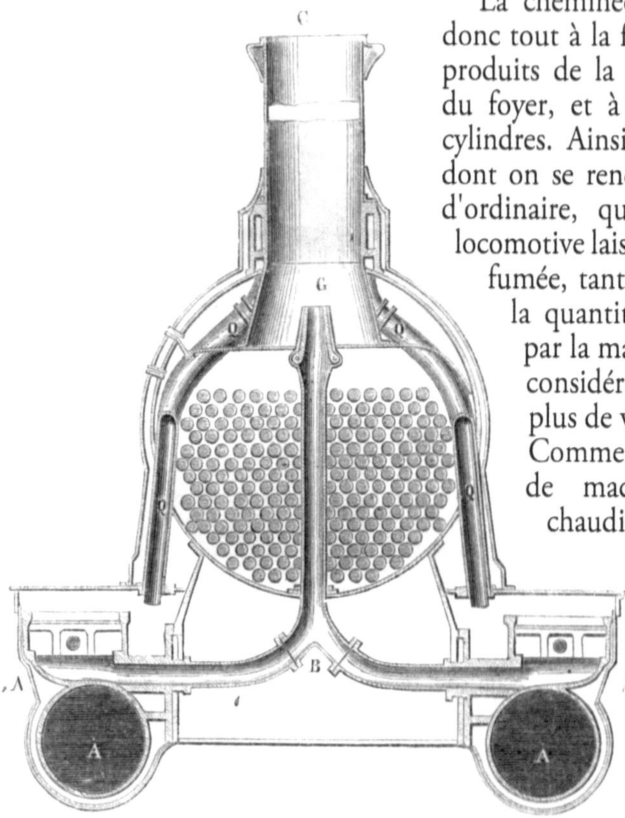

Fig 151. — Avant d'une locomotive, ou boîte à fumée.

La cheminée des locomotives sert donc tout à la fois, à donner issue aux produits de la combustion provenant du foyer, et à la vapeur sortant des cylindres. Ainsi s'expliquent ces faits, dont on se rend difficilement compte d'ordinaire, que la cheminée d'une locomotive laisse échapper tantôt de la fumée, tantôt de la vapeur, et que la quantité de force développée par la machine est d'autant plus considérable qu'elle laisse perdre plus de vapeur par la cheminée.

Comme toutes les chaudières de machines à vapeur, la chaudière d'une locomotive doit nécessairement être pourvue d'appareils de sûreté destinés à empêcher la vapeur de dépasser les limites normales assignées à sa pression, et en même temps à donner une issue à cette vapeur dès que ce terme se trouve atteint. La chaudière d'une locomotive est, en effet, toujours munie de deux soupapes de sûreté que l'on place à chacune de ses extrémités. Ces deux soupapes se trouvent représentées sur la figure 150 par les lettres R, S. Elles ne sont autre chose, on le voit, que la soupape de Papin. Seulement, comme les mouvements brusques de la machine auraient rendu difficile l'usage de poids pour régler la pression, on les remplace par un ressort en spirale contenu dans une enveloppe métallique, S. Ce ressort, tendu au moyen d'un écrou adapté à la tige qui supporte le levier, et placé au-dessous de ce levier, sert à exercer sur la plaque qui ferme la chaudière, une traction, que l'on gradue à volonté à l'aide de cet écrou. Une aiguille adaptée à l'extrémité du ressort, indique les différentes tensions de la vapeur exprimées en atmosphères.

On remarque sur la même figure 150, le sifflet B. C'est une lame aiguë, de forme demi-sphérique, qui vibre et produit un bruit strident, quand le mécanicien, en ouvrant un robinet au moyen d'une manivelle, lance subitement un jet de vapeur contre cette arête tranchante et sonore.

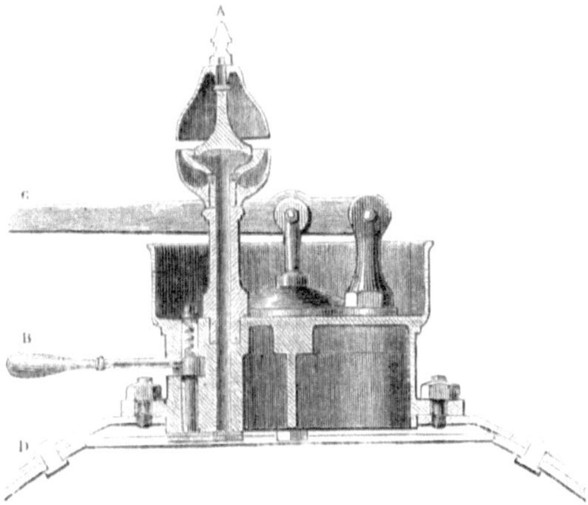

Fig 152. — Soupape de sûreté et sifflet.

Pour mettre mieux en évidence ces deux derniers organes, c'est-à-dire la soupape de sûreté et le sifflet, nous les représentons à part (fig. 152).

A est le timbre sonore ; B, la manivelle qui fait ouvrir le robinet donnant accès à la vapeur, en surmontant la résistance d'un petit ressort à boudin ; D est une partie du tube qui amène la vapeur de la chaudière ; C est la tige horizontale de la soupape de sûreté.

Pour que le mécanicien puisse connaître à chaque instant le degré de pression de la vapeur, la chaudière des locomotives est munie d'un manomètre, qui accuse continuellement le degré de cette pression.

Nous n'avons pas besoin de dire que le manomètre à air libre ne saurait être employé sur une locomotive, en raison de sa longueur et de sa fragilité. On se sert du manomètre à air comprimé, qui n'occupe qu'un petit espace. Cet instrument indique les variations de pression de la vapeur, par suite de la hauteur qu'occupe une colonne de mercure, dans un tube à deux branches, fermé à l'une de ses extrémités, rempli d'air à son extrémité fermée et communiquant avec la vapeur par son extrémité ouverte.

D'après une loi physique bien connue, l'air comprimé par une vapeur ou par un gaz, occupe un volume qui est toujours en raison inverse de la pression qu'il supporte. Ainsi la hauteur à laquelle s'élève la colonne de mercure dans la branche fermée du tube, fait connaître exactement la force élastique de la vapeur, exprimée en atmosphères, si l'on a gradué d'après ce principe, l'échelle qui accompagne le tube.

Les derniers organes qui viennent d'être décrits se voient sur la figure 153 qui représente l'arrière d'une locomotive. F est la porte du foyer, C le cendrier, B les trois robinets d'épreuve, qui servent au mécanicien, à s'assurer de la hauteur que l'eau occupe dans la chaudière. A est le manomètre à air comprimé indiquant le degré de pression de la vapeur, S la soupape de sûreté ; D, la poignée qui sert à faire tomber instantanément le combustible sur la voie ; en renversant à moitié la grille, grâce à un mécanisme de levier E, parfaitement indiqué sur cette figure. On voit que le mécanicien a sous la main tous les organes essentiels de la machine.

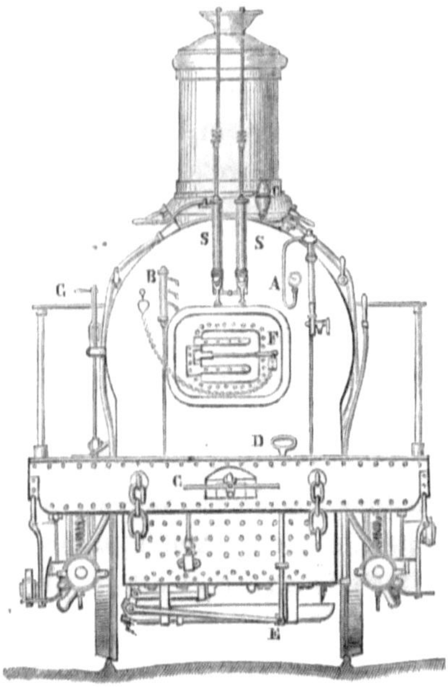

Fig. 153. — Arrière de la locomotive

G, est le grand levier destiné à renverser la vapeur, c'est-à-dire à changer la direction de la locomotive d'après un mécanisme très remarquable, que nous indiquerons plus loin, et qui porte le nom de coulisse de Stephenson.

Ajoutons que tout l'ensemble de la chaudière et du foyer, est fixé solidement sur un châssis de bois, au moyen d'arcs-boutants de fer boulonnés d'un côté contre la chaudière, et de l'autre sur le châssis.

Ce châssis porte sur les trois essieux des six roues de la locomotive, par l'intermédiaire d'un coussinet, d'une tringle et d'excellents ressorts.

Tout ce système, construit avec beaucoup de soin et de délicatesse, adoucit les chocs et les ébranlements que l'appareil pourrait éprouver par suite de la marche de la locomotive sur les rails.

Appareil moteur

Le mécanisme au moyen duquel on transmet aux roues l'action de la vapeur, se trouve clairement indiqué dans la figure 154, qui représente l'élévation d'une locomotive à six roues.

Les cylindres à vapeur, au nombre de deux, sont placés chacun, sur un des côtés de la locomotive, et à sa partie antérieure. L'un de ces cylindres est représenté sur la figure 154, par la lettre A. Derrière le cylindre est le tiroir destiné à donner accès à la vapeur, et à la diriger tantôt au-dessus, tantôt au-dessous du piston. Ce tiroir est mis en action par un excentrique que porte

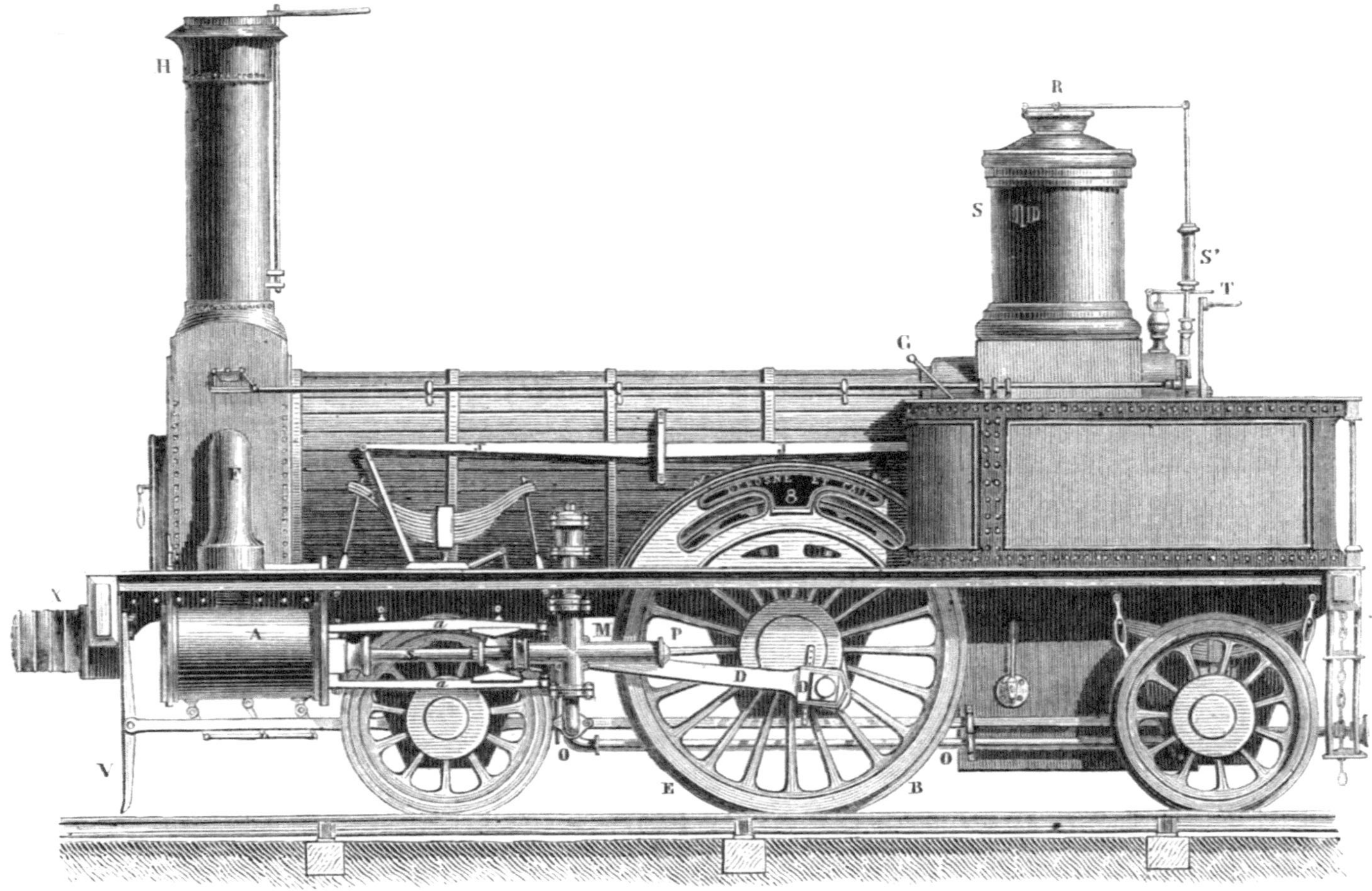

Fig. 154. — Locomotive en élévation, montrant le mécanisme moteur

l'essieu de la roue motrice ; un levier coudé, qui se déplace horizontalement, ouvre successivement, à l'intérieur du tiroir, deux orifices qui donnent accès à la vapeur sous les deux faces du piston. La tige S du piston se meut entre deux glissières *a*. Cette tige est articulée à une longue bielle, ou tige D, qui vient agir sur un bouton fixé à la roue EB de la locomotive, à une certaine distance de son axe. La roue motrice de la locomotive fait ainsi elle-même fonction de volant.

L'action de la vapeur s'exerce donc uniquement sur les deux grandes roues; les autres sont entraînées par le mouvement des roues motrices et ne servent qu'à l'équilibre et à la progression de la machine. Les deux bielles D, partant de chaque cylindre, sont disposées à angle droit l'une sur l'autre, de manière que leur mouvement contre chacune des deux roues motrices soit croisé, et que l'une des bielles se trouvant au point le plus avantageux de sa course, l'autre se trouve au point le plus faible, c'est-à-dire au point mort, ainsi qu'on l'a expliqué pour les bateaux à vapeur.

Le mouvement imprimé à la tige du piston est mis à profit pour faire agir une pompe alimentaire, qui va puiser de l'eau dans un réservoir porté par le tender. Cette pompe refoule de l'eau dans la chaudière, afin d'y remplacer, à chaque instant, celle qui disparaît constamment sous forme de vapeur. Toute la disposition mécanique de la pompe alimentaire est facile à reconnaître sur la figure 154. M représente le tuyau de cette petite pompe, qui est fixé à l'extrémité de la tige du piston, et en reçoit son mouvement de va-et-vient. Un petit piston placé dans l'intérieur du corps de pompe M, aspire, à l'aide du tuyau O, l'eau du tender. Refoulée dans le tuyau MP, cette eau s'introduit dans la chaudière, pour y remplacer celle qui s'échappe sans cesse dans l'atmosphère à l'état de vapeur.

Le tuyau OO, vient aboutir au tender, auquel il se trouve lié par un genou ou tuyau flexible.

Un niveau d'eau formé d'un tube de verre disposé verticalement et communiquant avec l'intérieur de la chaudière, se trouve sous les yeux du mécanicien, qui peut ainsi s'assurer à chaque instant de la quantité d'eau contenue dans le générateur. Lorsque ce niveau vient à baisser, le mécanicien ouvre un robinet placé sur le trajet du tube O ; l'eau du tender est aussitôt aspirée par les pompes. Si la quantité du liquide introduit est suffisante, il ferme le même robinet, et arrête ainsi l'entrée de l'eau dans la chaudière.

Passons à la description du tender (fig. 155).

Le tender n'est autre chose qu'un wagon d'approvisionnement ; il porte l'eau et le coke nécessaires à l'alimentation de la machine pendant un certain temps. Monté, comme la locomotive, sur un châssis et sur des ressorts, il se divise en plusieurs compartiments. Un réservoir de tôle C, rempli d'eau, entoure en forme de fer de cheval, un espace intérieur, dans lequel le coke est accumulé, pour être à la disposition du chauffeur. De cette façon, le poids total se répartit aussi également que possible sur les essieux. La contenance de la caisse à eau varie de 5,000 à 8,000 litres.

La quantité de combustible que doit porter le tender complètement chargé, varie entre 4,000 et 3,000 kilogrammes de coke ou de houille. Comme cette charge diminue nécessairement pendant le voyage, on la renouvelle de temps à autre, aux stations.

Fig. 155. — Tender.

Pour introduire l'eau dans la caisse, on emploie une sorte d'entonnoir conique, AB, percé de trous, qui plonge à l'arrière de la caisse. Cet entonnoir a pour but d'empêcher que les détritus et impuretés dont l'eau peut être chargée , ne pénètrent dans le réservoir, et de là dans les tuyaux d'aspiration, qui viennent aboutir vers l'avant de la caisse.

Le tender porte, en même temps, dans une boîte K, divers outils et pièces de rechange, les chiffons, la graisse, les effets du mécanicien, etc. Il est muni, comme d'autres wagons, d'un double frein GG, mû par la manivelle D, et qui est destiné à réduire progressivement la vitesse du train, lorsqu'il s'agit d'arrêter. Le tender se relie ordinairement à la locomotive, par une barre d'attelage L, et deux chaînes de sûreté, et au train qui le suit, par un simplet crochet.

Certaines machines, que l'on appelle locomotives-tenders, portent elles-mêmes tous ces éléments. D'autres sont reliées à leurs tenders d'une façon invariable.

Sur la figure 154, dont nous donnions tout à l'heure l'explication, la lettre V représente le chasse-pierre, destiné à balayer les rails, et la lettre X, le tampon, qui doit amortir le choc des wagons. Ajoutons, pour en finir avec cette figure 154, que le tuyau F est celui qui introduit la vapeur sortant des cylindres dans la boîte à fumée, et dans le tuyau de la cheminée H. La plaque horizontale qui surmonte la cheminée H, peut fermer plus ou moins, l'orifice de la cheminée, et diminuer à volonté le tirage. Une manivelle permet de manœuvrer cette espèce d'obturateur de la cheminée.

Nous venons d'examiner les différentes pièces qui composent une locomotive. Indiquons maintenant, afin d'en résumer l'ensemble, les opérations successives qu'il faut exécuter, pour la gouverner et pour la faire agir.

Lorsque le mécanicien veut mettre la locomotive en marche, il commence par s'assurer, en examinant le manomètre, si la vapeur a atteint le degré suffisant de pression. La tension de la vapeur étant reconnue convenable, il pousse la manivelle du régulateur, qui donne aussitôt accès à la vapeur dans l'intérieur du tuyau destiné à l'introduire dans les tiroirs. La vapeur passe de là dans les cylindres, et vient exercer sa pression alternative sur les deux faces du piston. Celui-ci entraîne la bielle qui fait tourner les roues motrices de la locomotive, et la fait avancer sur les rails, en remorquant le tender et la série de wagons ou de voitures qui lui font suite, et qui sont solidement attachés les uns aux autres par un crochet et une chaîne de fer.

Mais pendant que la machine fonctionne, le combustible se consume sur la grille, l'eau de la chaudière disparaît en partie, par suite de la dépense continuelle de vapeur. Le chauffeur jette donc de nouveau combustible dans le foyer, et le mécanicien remplace l'eau évaporée en ouvrant le robinet du tuyau, qui, grâce à l'action des pompes foulantes, introduit dans la chaudière une partie de l'eau contenue dans le réservoir du tender. Si le tirage présente trop d'activité, ou si l'on veut ralentir la marche, le mécanicien, tirant une longue tige horizontale qui s'étend sur l'un des côtés et vers la partie supérieure de la locomotive, déplace l'obturateur mobile lequel, fermant l'issue aux produits de la combustion, ralentit le tirage de la cheminée, et modère ainsi la puissance de la vapeur.

Arrivé à une station, le mécanicien fait entendre un coup de sifflet, en dirigeant, comme nous l'avons expliqué, un jet de vapeur, empruntée à la chaudière, contre la tranche aiguë d'un timbre métallique ; il ferme ensuite le régulateur, à l'aide de la manivelle. Toute communication se trouve ainsi interrompue entre la chaudière et le cylindre ; le jeu des pistons s'arrête aussitôt, et le convoi ne marche plus qu'en vertu de sa vitesse acquise. Ne pouvant s'échapper au-dehors, la vapeur, qui se forme toujours par suite de l'action du foyer, continue à exercer sa pression à l'intérieur ; elle ne tarde pas à atteindre ainsi le degré de tension au terme duquel doivent s'ouvrir les soupapes de

Fig. 156. — Locomotive Crampton.

sûreté ; ces soupapes cèdent, en effet à la pression qu'elles éprouvent, et laissent la vapeur se dégager au dehors. En même temps, les conducteurs serrent les freins ; la résistance devenant ainsi plus grande et la force motrice ne s'exerçant plus, la machine se trouve arrêtée.

Quand le mécanicien, arrivé au terme du voyage, veut éteindre le feu, il se débarrasse de tout le combustible en démontant les barreaux de la grille mobile par le mécanisme que l'on a vu représenté sur la figure 150 ; le coke incandescent tombe aussitôt sur la voie.

Il est nécessaire, pour les différentes manoeuvres qui s'exécutent dans l'intérieur des gares, ou même sur la voie, de faire marcher la locomotive en arrière.

Ce mouvement se produit à l'aide d'un long levier qui se trouve à la portée du mécanicien, et qui lui permet de renverser la vapeur, c'est-à-dire de modifier sa distribution dans les cylindres, de manière à déterminer tantôt la marche en avant, tantôt la marche en arrière. Ce levier fait entrer en action un nouveau tiroir, qui donne une distribution de vapeur précisément contraire à celle qui était en oeuvre pendant la marche. La vapeur, qui avait commencé à agir, par exemple, sur la face antérieure du piston, se trouve dès lors dirigée vers sa face postérieure. Un mouvement opposé à celui qui existait, est la conséquence de ce renversement de la vapeur, et ce mouvement, une fois commencé, se continue de manière à entretenir la marche de la machine dans la direction nouvelle qu'elle vient de recevoir.

C'est à Stephenson qu'est due l'invention de cet important mécanisme qui, en raison de cette circonstance, est souvent désigné, comme nous l'avons dit, sous le nom de *coulisse de Stephenson*. Le mécanicien peut, en maniant un simple levier, faire prendre à sa locomotive la direction en avant ou en arrière, avec la même facilité qu'un cavalier éprouve à gouverner son cheval.

Une locomotive bien construite dure quinze années, en fournissant son travail quotidien. Au bout de ce temps, toutes ses pièces, tous ses ressorts, tous ses organes mécaniques, sont absolument hors de service. Il ne reste plus, de cette machine merveilleuse et puissante, que d'informes débris.

Machine, en effet, bien puissante, car dans les quinze années de son service, on calcule qu'elle a parcouru 105,000 lieues (420,000 kilomètres), c'est-à-dire 7,000 lieues par an.

Machine bien merveilleuse car, si au lieu d'être soumise à des alternatives de travail et de repos, elle était entretenue, nuit et jour, en service, sa durée augmenterait dans des proportions considérables.

On a remarqué que les locomotives qui, dans des gares très occupées, fonctionnent nuit et jour, pour le service, soit des marchandises, soit des mouvements du matériel, durent infiniment plus longtemps que celles qui, employées sur la ligne, sont successivement mises en feu et laissées en repos.

Les alternatives de dilatation et de contraction, résultant de l'échauffement et du refroidissement, modifient ou altèrent le tissu du métal, et détruisent l'élasticité des ressorts.

N'est-ce pas une véritable merveille que cette machine de fer et d'acier, qui dure d'autant plus qu'elle travaille davantage !

CHAPITRE VI

CLASSIFICATION DES LOCOMOTIVES.

Depuis 1830, rien n'a été changé aux principes de construction des locomotives. Toutes les machines en usage aujourd'hui sur les chemins de fer, présentent l'ensemble général des dispositions que nous venons de décrire. Aujourd'hui, comme il y a trente ans, la chaudière est tubulaire, et le tirage est produit par le tuyau soufflant. Toutefois, les locomotives diffèrent entre elles, soit par des dispositions spéciales, soit par l'agencement des diverses parties dont elles sont composées, soit enfin par les dimensions de ces parties.

Les perfectionnements que les locomotives ont subis, par suite de l'immense développement des chemins de fer dans les deux continents, ont porté principalement sur l'augmentation de leur vitesse et de leur puissance. C'est ainsi que l'on a été conduit à créer plusieurs systèmes de locomotives appropriés à des usages différents, et s'éloignant plus ou moins, par la forme extérieure, de celle que représente la figure 154. Nous décrirons brièvement les plus importants de ces systèmes, ceux qui constituent des types originaux et bien tranchés.

Les locomotives actuelles présentent, si on les compare aux types primitifs de 1830, un accroissement considérable de puissance, sans parler de l'incomparable supériorité de leurs détails d'exécution.

Dans la première locomotive à grande vitesse, de Stephenson, c'est-à-dire dans la *Fusée*, la surface de chauffe de la chaudière était de 11 mètres. Vers 1835, on porta cette surface à 40 ou 45 mètres carrés. Elle s'éleva, en 1845, à 70 mètres, et atteignit, en 1850, jusqu'à 100 et 130 mètres. Enfin, en 1855, on a pu, dans un autre système, atteindre le chiffre énorme de 200 mètres carrés de surface offerte à l'action du feu. Dans le même intervalle de trente ans, la pression de la vapeur a été portée de trois à sept, à huit et jusqu'à dix atmosphères. Le poids de l'eau évaporée par heure, s'est élevé de 450 à 5000 et même jusqu'à 8000 kilogrammes. Le poids du combustible brûlé pour transporter une charge de 1 tonne à la distance de 1 kilomètre, est descendu, au contraire, de 450 grammes à 30 ou 80 grammes, selon le genre de machines qu'on emploie, ce qui constitue une économie qui varie des quatre cinquièmes aux quatorze quinzièmes du combustible. Le rendement de ces machines a donc augmenté dans une proportion énorme.

Le poids des locomotives, et par conséquent leur adhérence sur les rails et leur effort de traction, a subi une progression tout aussi rapide. La *Fusée* de Robert Stephenson, locomotive à quatre roues, ne pesait qu'un peu plus de 4 tonnes. Les premières locomotives construites de 1830 à 1835, pesaient 6 à 7 tonnes. En 1835, les locomotives pesaient déjà 12 à 13 tonnes, avec six roues. En 1845, elles pesaient 30 tonnes ; en 1850, toujours avec six roues, 36 tonnes. Enfin, les locomotives du système Engerth, qui développent une puissance de traction très considérable, ont atteint, en 1855, le poids énorme de 55 à 65 tonnes.

En même temps, la charge brute traînée sur un chemin dont la pente ne dépasse pas 5 millimètres, s'est élevée progressivement, de 40 à 100, à 200, à 300 et jusqu'à 700 tonnes !

La vitesse des locomotives, au début, n'était que de 25 kilomètres à l'heure, pour la *Fusée* de Stephenson. En 1834, la locomotive *Fire-Fly* parcourait 43 kilomètres à l'heure. Depuis 1855, la vitesse de ces machines varie, suivant leur destination, de 25 à 100 kilomètres à l'heure.

Ces chiffres témoignent d'un progrès considérable. Ajoutons que, tout en augmentant la puissance des locomotives, on en a réduit considérablement les frais d'entretien, et diminué la consommation de combustible. On peut admettre que les machines construites depuis une dizaine d'années, fournissent un parcours total de moitié plus grand que celui des anciennes machines, avant d'exiger des réparations essentielles. Les pièces sont mieux ajustées et mieux proportionnées. La fonte a été remplacée par le fer, le fer remplacé par l'acier corroyé, fondu ou puddlé. La puissance de vaporisation des machines s'est accrue, non seulement par l'augmentation de la surface de chauffe, mais encore par l'emploi d'une meilleure qualité de combustible. On a, enfin, augmenté notablement la vitesse des locomotives, par les changements apportés à la construction des roues.

Le nombre des roues des locomotives, est de quatre, de six, ou de huit. Dans les machines employées actuellement, il est en général de six. Pour augmenter la vitesse des locomotives destinées à remorquer les trains de voyageurs, on donne un grand diamètre aux roues placées sur l'essieu moteur, et des diamètres plus petits aux autres roues.

On comprend facilement que cet accroissement du diamètre des roues motrices, doive augmenter la vitesse de marche. En effet, le chemin parcouru dans un temps donné, est égal au développement de la circonférence des roues motrices, multiplié par le nombre de tours que les roues ont fait dans le même temps. Pour accélérer la marche, il faut donc augmenter, soit le nombre des coups de piston de la machine à vapeur, soit le diamètre des roues. Mais les pistons de la machine à vapeur ne peuvent pas dépasser un certain nombre d'oscillations par minute sans qu'il en résulte une perte dans l'effet utile de la vapeur et une usure rapide des surfaces frottantes. Il ne reste donc, pour accélérer la vitesse, d'autre moyen que d'augmenter les dimensions des roues motrices.

On ne pouvait augmenter les dimensions des roues motrices sans changer ces roues de place. En effet, comme la chaudière repose sur les essieux de ces roues, quand on augmente leur diamètre, on porte nécessairement la chaudière plus haut. Or, on ne peut dépasser une certaine élévation de la chaudière, sans compromettre l'équilibre et la stabilité du véhicule sur les rails.

Fig. 157. — Crampton, ingénieur anglais.

En 1848, on avait atteint les limites extrêmes d'élévation, et il paraissait impossible d'aller plus loin. On ne voyait donc aucun moyen d'augmenter davantage la vitesse imprimée aux convois des chemins de fer. C'est alors qu'une inspiration heureuse, venue à un ingénieur anglais, M. Crampton, permit de surmonter la difficulté.

M. Crampton eut l'idée de placer les roues motrices, non plus au-dessous, mais à l'arrière de la chaudière. Dès lors, les roues motrices n'étaient plus limitées dans leur développement, et on put leur donner les grandes dimensions qu'elles offrent aujourd'hui, sans porter plus haut la chaudière.

Il est juste de rappeler, à propos de la locomotive Crampton, que le chemin de fer du Nord a eu le mérite de l'adopter le premier. En 1848, l'achèvement des embranchements du littoral, en imprimant une accélération nouvelle aux communications avec l'Angleterre, nécessitait l'établissement de trains express, réclamés d'ailleurs par l'administration des postes. La compagnie du chemin de fer du Nord n'hésita pas, pour satisfaire à cette nécessité, à créer un matériel de traction spécial, et à remanier en entier le matériel qu'elle possédait alors. Elle commanda, sur les plans de M. Crampton, que personne n'avait encore adoptés pour un service régulier, des locomotives à grande vitesse. Le succès de ces locomotives, établies sur la ligne de Calais, détermina bientôt une accélération générale de la marche des voyageurs. C'est, en effet, de l'introduction de ces machines sur le chemin de fer du Nord que date, en France, l'établissement des trains express, qui parcourent les grandes distances de nos lignes de chemins de fer, et qui permettront bientôt, aux voyageurs partant de Paris en été, d'atteindre, entre le lever et le coucher du soleil, les points les plus reculés des frontières de la France.

Dès 1852, les locomotives Crampton étaient en usage sur les chemins de fer du Nord et de l'Est. Elles fournissent des vitesses normales de 60 à 80 kilomètres par heure, et qui peuvent atteindre 100 kilomètres.

Leur vitesse varie nécessairement, d'ailleurs, avec la charge. Une locomotive qui peut remorquer une file de quinze wagons, avec une vitesse régulière de 50 kilomètres, ne peut, dans les mêmes circonstances, traîner plus de huit ou neuf wagons, quand sa vitesse atteint le maximum de 100 kilomètres à l'heure.

Dans la locomotive Crampton, les roues motrices sont, comme on vient de le dire, placées à l'arrière, et leur diamètre varie de $1^{m},68$ à $2^{m},30$. On en construit même en Angleterre d'un diamètre de $2^{m},60$.

La figure 156 représente une des locomotives Crampton , ou à grande vitesse.

Cette machine se distingue par une grande stabilité, qui tient à l'abaissement du centre de gravité général, et à l'écartement des essieux ; — par une haute puissance de vaporisation (la surface de chauffe de la chaudière est de plus de 100 mètres carrés) ; — enfin par une grande facilité de surveillance pendant la marche.

Mais il ne faut pas croire que ce soit là le seul type de locomotives à grande vitesse. On peut citer, parmi les types destinés au même usage, les locomotives Buddicom, remarquables par leur légèreté et la simplicité de leur construction, qui font le service des trains de voyageurs au chemin de fer de Rouen ; — les locomotives Polonceau, construites pour les trains express de la ligne d'Orléans; — les machines anglaises de Mac Connell ; — les machines du système Sturrock, etc.

Dans quelques-uns de ces types, les roues motrices sont intermédiaires entre les autres, c'est-à-dire qu'elles soutiennent la chaudière sans être placées, comme dans la locomotive Crampton, à l'arrière.

Après les locomotives réalisant les grandes vitesses, on distingue celles qui sont destinées à traîner, à des vitesses médiocres ou petites, des chargements très considérables, et à remonter, au besoin, des pentes très inclinées, en traînant de lourds convois. Ce sont les locomotives dites à petite vitesse, affectées au transport des marchandises.

Une grande vitesse n'est pas, en effet, la seule condition à laquelle doive satisfaire un chemin de fer. Le transport des marchandises est, pour ces exploitations, un élément de trafic plus important encore que celui des voyageurs. Or, ce service exige des locomotives d'une construction spéciale, c'est-à-dire assez puissantes pour traîner à elles seules, les nombreux wagons que l'on rassemble dans un convoi, très considérable par sa longueur et son poids, afin de ne pas multiplier les trains, ce qui nuirait à la sécurité et à la facilité de la circulation sur la ligne.

Les locomotives à marchandises doivent donc réunir des qualités toutes particulières de puissance, pour développer, à une faible vitesse, un très grand effort, et pour faire remonter les pentes à des convois pesamment chargés.

Sur le chemin de fer de Vienne à Trieste, le long de la montagne de Sömmering, il existe des pentes d'une inclinaison très forte qu'il a été impossible d'éviter. Ce chemin de fer offre, en effet, une pente continue de 25 millimètres par mètre, et forme un lacet très sinueux, dont le rayon de courbure descend fréquemment à 180 mètres. Avec le système de locomotives employé jusqu'en 1850, on ne pouvait parvenir à faire surmonter ces rampes par les convois de marchandises pesamment chargés. C'est pour parer à cette grave difficulté que le gouvernement autrichien ouvrit, en 1851, un concours pour la construction des locomotives à petite vitesse, pouvant remonter des pentes avec des convois très-pesants, et sur une voie offrant des courbes d'un assez petit rayon.

Le prix fut remporté par la *Bavaria*, locomotive construite à Munich, dans les ateliers de Maffei.

La modification apportée par le constructeur bavarois aux dispositions de la locomotive ordinaire, consistait à réunir la locomotive proprement dite avec le tender. Des chaînes sans fin, partant de l'essieu des roues de la locomotive, venaient agir sur un système de roues dentées, fixées sur l'un des essieux du tender. De cette manière, le tender, faisant corps avec la locomotive, deux de ses roues participent à la traction, et le tender ajoute une partie de son poids à celui de la machine, pour augmenter l'adhérence sur les rails, renforcer ainsi le point d'appui de la puissance de la vapeur, et par conséquent, accroître de beaucoup l'énergie totale de l'action motrice de l'appareil.

Bien qu'il eut obtenu le prix au concours ouvert par le gouvernement autrichien, le système adopté sur la *Bavaria*, ne répondait pas complètement aux conditions requises pour les locomotives à petite vitesse. On employait, pour ce mécanisme, les chaînes sans fin dont on avait fait usage à l'époque de la création des premières locomotives, avant la découverte des chaudières tubulaires. Mais les inconvénients qui étaient résultés, à cette époque, de l'emploi des chaînes, ne manquèrent pas de se reproduire. Ces chaînes se brisaient par les brusques variations dans l'intensité de la force motrice, ou dans la résistance à surmonter. Cette circonstance rendait très difficile l'emploi des locomotives de Maffei.

Fig. 158. — Engerth, ingénieur autrichien.

Cc n'est qu'eu 1853 que l'important problème de la construction des locomotives à petite vitesse, fut résolu par l'ingénieur Engerth, conseiller technique à la direction générale des chemins de fer autrichiens, qui a modifié d'une manière très heureuse le système de Maffei. M. Engerth construisit les locomotives qui portent son nom, et qui sont aujourd'hui employées sur la plupart des chemins de fer, pour la traction des marchandises.

Dans la machine Engerth, le tender, avons-nous dit, fait corps avec la locomotive et se trouve porté par le même couplage de roues : c'est une machine tender. Une partie de la chaudière vient reposer sur le tender, en portant sur l'essieu de ses premières roues. La locomotive, ou la machine proprement dite, repose sur quatre paires de roues. Trois sont couplées entre elles, c'est-à-dire reçoivent par des bielles le mouvement imprimé à l'une des roues par le piston des cylindres à vapeur ; elles agissent donc, à leur tour, comme roues motrices pour opérer la traction. La première paire de roues du tender reçoit également un mouvement de rotation, qui lui est communiqué par la dernière roue de la locomotive. C'est au moyen de roues dentées, placées au-dessous de la chaudière, que s'exécute ce renvoi de mouvement, qui fait ainsi concourir une partie du tender à l'adhérence de tout le système.

D'après une disposition empruntée aux locomotives américaines, le tender est pourvu d'un système d'articulation, d'une sorte de cheville ouvrière, analogue à celle qui sert à rendre mobile l'avant-train de nos voitures. Cette articulation a pour résultat de permettre à la machine de se mouvoir indépendamment du tender, de pouvoir ainsi se plier jusqu'à un certain point aux sinuosités de la voie ferrée, et de pouvoir tourner avec les plus lourds convois, dans des courbes d'un médiocre rayon.

La puissance énorme de traction propre au système de machines qui vient d'être décrit, tient au poids total de la machine, qui augmente l'adhérence sur les rails, multiplie les points d'appui et permet d'appliquer une grande puissance de vapeur.

Après les détails qui précédent sur les différents systèmes de locomotive, il sera facile de comprendre la division, ou la classification, que l'on peut établir entre les diverses locomotives qui sont employées dans les lignes ferrées, selon les différentes nécessités du service.

Les locomotives peuvent se diviser en trois classes, selon la forme et la nature de leur service : les machines à grande vitesse ou machines à voyageurs ; — les machines à petite vitesse ou machines à marchandises, — et les machines mixtes.

Les locomotives à voyageurs marchent avec une vitesse moyenne de 45 kilomètres à l'heure, non compris les temps d'arrêt. Les locomotives à marchandises marchent seule-ment à la vitesse moyenne de 25 kilomètres à l'heure, mais elles remorquent des convois très considérables. Sur des chemins d'une pente faible et moyennement accidentés, elles peuvent, en effet, traîner jusqu'à cinquante wagons chargés de 10 tonnes de marchandises ; ce qui revient, avec le poids de la machine, à 700 ou 720. Sur les chemins de niveau, le poids remorqué pourrait s'élever jusqu'à 1,500 tonnes. Enfin, les locomotives mixtes, consacrées à remorquer les trains mixtes et omnibus, c'est-à-dire ceux qui s'arrêtent à toutes les stations et peuvent traîner à la fois des voyageurs et des marchandises, doivent réaliser, en moyenne, la vitesse de 35 kilomètres à l'heure.

Les locomotives à voyageurs, que l'on construit souvent aujourd'hui dans le système Crampton, sont montées sur six roues, la roue motrice se trouvant placée à l'arrière. Destinées à réaliser de grandes vitesses, elles se reconnaissent à leurs formes sveltes et élancées, qui rappellent celles du cheval de course. Au contraire, les machines à marchandises, destinées seulement à développer une grande puissance de traction, rappellent les caractères du cheval de trait : elles sont basses et comme ramassées ; elles sont traînées par de petites roues, pour développer un effort puissant, plutôt que pour courir avec vitesse.

Dans les locomotives à marchandises, les roues sont, en général, presque toutes égales et couplées, c'est-à-dire liées l'une à l'autre, au moyen d'une tige de fer, pour se communiquer réciproquement leur mouvement de rotation. Le nombre de ces roues est de six à huit ; mais il est quelquefois de douze.

Les machines Engerth sont consacrées au service des marchandises, sur les chemins de fer autrichiens, et en France sur le chemin de fer du Nord. Cependant leur emploi devient de jour en jour, plus restreint. Ces masses énormes sont difficiles à manœuvrer dans une exploitation très active.

Quant aux locomotives mixtes, elles participent, dans une proportion variable, des deux machines précédentes ; elles inclinent vers l'un ou l'autre de ces types, selon les circonstances et les effets à produire. Elles sont ordinairement portées sur six roues, dont quatre, c'est-à-dire les plus grandes, sont couplées.

Les machines mixtes sont aujourd'hui préférées en France pour le service des marchandises comme pour celui des voyageurs à petite vitesse.

La figure 159 représente la locomotive mixte la plus généralement employée sur les chemins de fer français. On voit qu'elle participe du système Engerth en ce que le tender porte sur partie de la chaudière et s'avance de manière à ajouter son poids à celui de la locomotive pour augmenter l'adhérence, et que quatre roues sont couplées.

CHAPITRE VII

MATÉRIEL ROULANT. - WAGONS ET VOITURES.

La locomotive est la cheville ouvrière des chemins de fer. Nous en avons fait l'histoire, et nous l'avons expliquée dans ses détails. Mais il ne sera pas sans intérêt de consacrer aussi une courte description aux autres parties du matériel roulant, et notamment aux wagons et voitures.

On comprend que les wagons des chemins de fer doivent différer essentiellement, sous plusieurs rapports, des véhicules employés sur les routes ordinaires.

Quand on fit rouler, pour la première fois, une voiture sur un chemin de fer, on s'aperçut bien vite, qu'il ne suffisait pas, pour la maintenir sur les rails, de garnir ses roues d'un rebord. Tant que l'essieu des roues était mobile, et qu'il pouvait tourner d'une manière indépendante, les voitures à deux roues et même à quatre roues, déraillaient infailliblement, c'est-à-dire sortaient de la voie, toutes les fois qu'elles rencontraient un obstacle. En effet, quand les roues étaient mobiles sur deux essieux parallèles, la roue jumelle de celle qui venait heurter un obstacle, continuait à tourner et entraînait le corps de la voiture. Quand les essieux pouvaient changer de direction, indépendamment l'un de l'autre, il se produisait un effet entièrement analogue. Les objets jetés sur la voie, les courbes un peu fortes, enfin toutes sortes d'obstacles accidentels, donnaient lieu à des déraillements.

L'expérience amena donc bien vite à rendre les roues jumelles solidaires, en les fixant sur les essieux, qui tournent alors dans des boîtes fixées au bâti de la voiture ou aux ressorts ; enfin, à disposer les essieux de manière qu'ils restent toujours parallèles dans les wagons à quatre roues. De cette façon, l'essieu d'avant ne peut changer de direction sans que toute la voiture suive ce

Fig. 159. — Locomotive mixte.

mouvement. Telle est la différence essentielle qui existe entre les wagons des chemins de fer et les voitures ordinaires.

Les wagons qui font le service des voies ferrées, présentent une grande diversité de formes, suivant les usages auxquels ils sont destinés. Cependant, ils ont tous une partie commune, c'est celle qu'on appelle le train de voiture, et sur laquelle est montée la caisse.

Le train se compose généralement d'un cadre, ou châssis, en charpente, formé de deux longerons, ou brancards, avec traverses et croix de Saint-André destinées à consolider le bâti. Ce cadre repose sur les extrémités des ressorts de suspension.

La figure 160 représente le châssis qui est comme le support commun des différents véhicules employés dans les chemins de fer, c'est-à-dire des voitures de voyageurs comme des wagons de marchandises.

On place entre les traverses, des ressorts d'acier destinés à amortir les secousses. Ils sont reliés aux tampons de choc, par lesquels se terminent les deux brancards.

Ces tampons sont des rondelles en caoutchouc vulcanisé, dont tout le monde a vu le fonctionnement. Ils se touchent d'une voiture à l'autre.

Les wagons à quatre roues sont les plus généralement usités en Europe ; mais on eu fait aussi à six et à huit roues.

Dans les wagons à six roues, les essieux sont d'ordinaire parallèles ; dans ceux à huit roues, ils ne sont parallèles que deux à deux.

La caisse est alors portée sur deux trains distincts, à quatre roues chacun, qui peuvent tourner d'une manière indépendante, chacun autour d'une cheville ouvrière.

Les roues sont en fer, munies d'un rebord qui les maintient sur la voie. Les extrémités des essieux, qu'on appelle fusées, portent les boites à graisse, qui ont des formes très diverses.

Dans la boîte à graisse dont les dispositions ont été variées à l'infini, la fusée se trouve entre deux capacités remplies d'huile et de graisse. Elle repose sur une brosse alimentée d'huile, par des mèches constamment imbibées. La graisse n'intervient que dans les cas d'un échauffement excessif, car elle est séparée de la fusée par des bouchons fusibles.

Mentionnons maintenant les freins, qui ont pour effet d'arrêter les voitures dans leur marche, ou pour mieux dire d'en ralentir la vitesse jusqu'à l'amortir. Il va sans dire en effet, qu'on ne peut arrêter un train brusquement ; ce serait le vouer à une destruction certaine.

La figure 161 représente le mécanisme d'un système de frein qui est adopté sur beaucoup de chemins de fer français. L'employé nommé garde-frein, averti

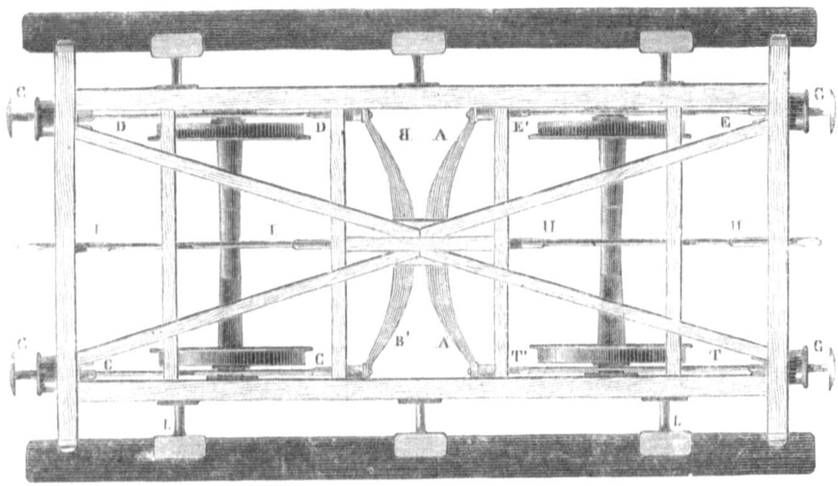

Fig. 160. — Châssis d'un wagon.
CEDT, *croix de Saint-André*, G, G, tampons de choc ; AA', BB', ressorts destinés à amortir les chocs, grâce aux tringles EE', TT'; IH, tige faisant suite à la barre d'attelage ; DD, CC, roues du wagon, LL ; marche-pied.

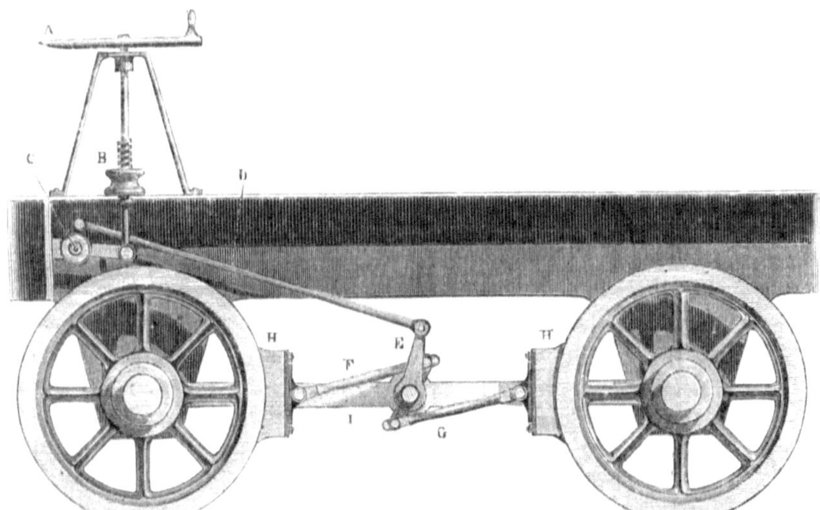

Fig. 161. — Frein d'un wagon.
A, manivelle que tourne le garde-frein ; B, vis ; C, pignon pour la transformation du mouvement vertical de la vis ; E, levier oblique qui fait mouvoir à la fois, à droite et à gauche, les tiges F et G, lesquelles poussent contre la jante de la roue, les sabots H, H mobiles sur la barre I.

par le sifflet du mécanicien, le serre ou le desserre suivant le besoin. Il lui suffit pour cela, de tourner la manivelle d'un bras de levier, qui est à sa portée. Le mouvement est transmis, par l'intermédiaire des engrenages et des leviers coudés, à une tige oblique qui, grâce à un second levier double et coudé, presse les sabots contre les roues, ou bien les éloigne, en suivant le sens du mouvement. Le même mouvement se communique au second frein de la même voiture, par une bielle qui ne peut être aperçue dans notre dessin, et qui vient s'articuler à un levier semblable à celui du premier frein.

Il y a ordinairement, sur sept voitures, un wagon pourvu d'un frein, indépendamment du frein du tender, lequel est confié au chauffeur.

On commence aujourd'hui à employer des freins, qui agissent sous l'action directe de celui du tender. Un appareil de ce genre permet d'arrêter, à moins de 200 mètres, un train de huit voitures lancé à une vitesse moyenne.

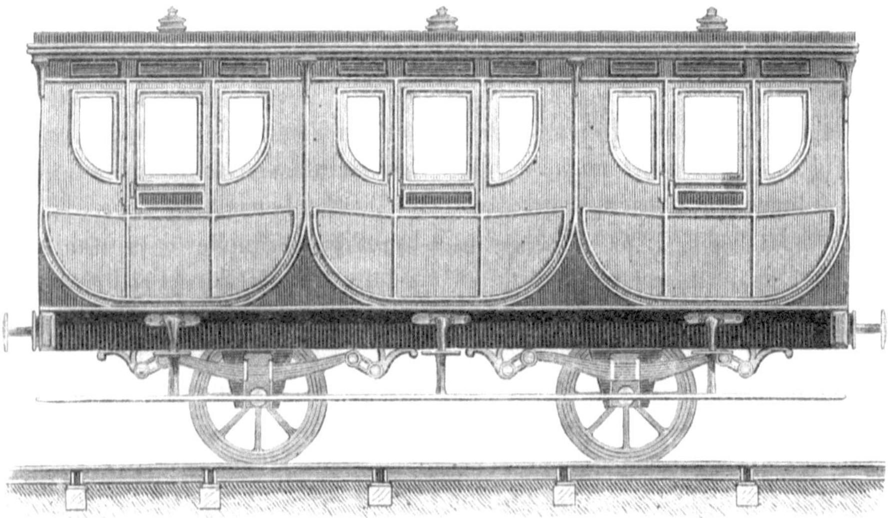

Fig. 162. — Wagon de première classe.

Les voitures de chemins de fer diffèrent entre elles, surtout par la forme des caisses. Il y a, d'abord, les voitures des voyageurs, divisées en plusieurs classes suivant le degré de confort qu'elles présentent. Nous donnons figure 162 un wagon de voyageurs de première classe.

A côté de ces voitures, signalons les wagons-poste, qui sont disposés comme de véritables bureaux.

Viennent ensuite les wagons-écuries, destinés au transport des chevaux, bœufs, porcs, moutons, chiens, etc. Chaque cheval y occupe un compartiment séparé, dont les cloisons sont rembourrées. Les wagons destinés aux porcs et aux moutons présentent deux étages et ne sont pas divisés en stalles ; les bêtes y entrent par troupeaux.

Citons encore les wagons à bagages ou fourgons qui servent au transport des malles et effets des voyageurs ; — les wagons grossiers destinés à porter du combustible, houille, coke, charbon de bois, etc. ; — les wagons de ballast et de terrassement, et une foule d'autres véhicules, dont la description serait sans intérêt.

Il est des voitures de luxe, qui se composent d'un ou deux compartiments. Elles sont garnies de meubles, comme des salons, et quelquefois accompagnées de terrasses pour les fumeurs et de water-closets.

La compagnie du chemin de fer d'Orléans a fait construire un train, dit impérial, composé de cinq splendides voitures, dont chacune a coûté cent mille francs. On y trouve une salle à manger, le salon des aides-de-camp, un salon d'honneur, une chambre à coucher, et l'appartement du Prince impérial.

A côté de ces raffinements exceptionnels, le confort général des voitures de chemins de fer laisse encore à désirer, surtout au point de vue du chauffage, qui n'est encore obtenu que d'une manière bien incomplète, par les boules à eau chaude, offertes aux voyageurs de première classe seulement. Les voyageurs des autres classes sont donc condamnés à souffrir du froid, pendant que les voyageurs de première classe en sont garantis. Il y a dans cette règle, une inégalité, à la fois choquante et cruelle qui, nous l'espérons, ne tardera pas à disparaître.

CHAPITRE VIII

TRACÉ DE LA VOIE.

Dans ce merveilleux organisme qu'on nomme chemin de fer, tout se tient ; tous les éléments sont dans une dépendance mutuelle. Dimensions de la machine, forme et grandeur des roues, largeur de la voie et forme des rails, courbure et pente de la route, hauteur et largeur des ponts, viaducs et tunnels, tout cela est solidaire, et s'enchaîne par des conditions qu'il faut scrupuleusement observer. L'étude de la voie ferrée et des constructions que nécessite son établissement, est donc tout aussi importante que celle de la locomotive. La détermination du tracé à adopter est le premier problème que rencontre l'ingénieur chargé de l'exécution d'un chemin de fer.

Ce problème est d'une importance capitale. Il ne faut pas oublier, en effet, qu'un chemin de fer est, pour ainsi dire, un aimant qui attire à soi, dans un rayon très étendu, toute l'activité commerciale du pays qu'il traverse. S'il enrichit les contrées situées sur son parcours, il doit nécessairement appauvrir et épuiser celles dont il s'éloigne, en leur enlevant les marchés et les facilités de transport. Quand un tracé a été mal combiné, le chemin de fer trouble la distribution de la fortune publique, et peut ruiner beaucoup plus de personnes qu'il n'en enrichit. D'un autre côté, le chemin de fer doit être accessible, non seulement aux habitants les plus voisins, mais encore à toute la population des arrondissements qu'il traverse. Il doit être, par conséquent, en correspondance avec les routes ordinaires qui existent déjà, sous peine d'être hors de portée pour la majeure partie de la population.

La question du tracé des chemins de fer n'est pas, on le voit, exclusivement technique. Elle est, en même temps et surtout, commerciale, politique et quelquefois militaire.

L'ingénieur, chargé d'étudier un projet nouveau devra, s'il comprend ses obligations, chercher, d'une part, à faire disparaître, autant que possible, les inégalités du sol au moyen de tranchées, de souterrains, de remblais et de ponts ; d'autre part, à proportionner les dépenses occasionnées par les ouvrages d'art, aux produits futurs de la ligne, et à son importance probable sous les rapports politique, commercial et stratégique. S'il s'agit, par exemple, de construire une voie ferrée destinée à une circulation peu active et d'un avenir douteux, on n'aura pas recours aux grands moyens pour aplanir les obstacles de la route. On préférera alors gravir des pentes un peu raides, faire quelques circuits, et tourner les difficultés. Au contraire, pour une ligne de premier ordre, on ira droit devant soi, perçant les montagnes, construisant d'immenses tunnels et des viaducs d'une hauteur à donner le vertige.

Les premières études d'un chemin de fer se font sur de bonnes cartes des localités qui seront traversées par la voie future. On discute alors, à première vue, les avantages que paraissent offrir différentes directions, et l'on forme plusieurs avant-projets. Une fois adoptés, ces avant-projets sont rectifiés ou confirmés par des voyages sur les lieux et par des mesures approximatives.

Ces avant-projets sont soumis à une réunion d'économistes, d'hommes d'État, d'ingénieurs et de commerçants, et à la Direction du futur chemin, qui se prononce sur les avantages ou inconvénients relatifs aux différents tracés.

Le tracé étant arrêté dans son ensemble, on peut commencer l'étude du terrain pour le tracé définitif.

Cette étude se fait au moyen des instruments ordinaires d'arpentage : graphomètre, mire, niveau d'eau, chaîne d'arpenteur, etc. On détermine les positions des points les plus saillants, au moyen d'une triangulation qui fait la base du canevas topographique, c'est-à-dire du réseau qu'on obtient en réunissant par des lignes droites, les points dont les positions sont connues. Ce canevas doit être ensuite rempli, c'est-à-dire qu'on doit y inscrire tous les détails topographiques du terrain, comme on porte les détails d'un dessin sur un canevas de tapisserie.

Viennent ensuite les opérations du nivellement, par lesquelles on détermine l'élévation relative des différents points du sol, et qui permettent d'établir le profil en long et le profil en travers du tracé, c'est-à-dire la forme de la coupe longitudinale et de la coupe transversale du terrain, aux points où doit passer la voie ferrée.

Ces profils servent à étudier d'avance les travaux de terrassement, tranchées et ouvrages d'art, que la construction de la voie rendra nécessaires. On y indique les déblais et remblais, les viaducs, les ponts, les tunnels, enfin tout ce qui servira à diminuer les inégalités naturelles du terrain.

Il s'agit alors de savoir quelles sont les pentes et les courbures que l'on pourra adopter, sans avoir besoin, sur la voie future, de machines trop puissantes et trop coûteuses pour gravir les rampes et résister au glissement le long de ces pentes. Il est quelquefois difficile de passer entre ces deux écueils opposés.

Les pentes de la route augmentent toujours considérablement la résistance au transport des véhicules, aussi bien dans le cas des routes ordinaires que dans celui des chemins de fer. Un cheval qui pourrait traîner une charge de dix tonnes, sur un chemin de fer horizontal ou de niveau, ne traîne plus que cinq tonnes sur la faible pente de 4 millièmes, ou de 4 mètres par kilomètre. Sur une pente de 5 centièmes, ou de 50 mètres par kilomètre, que l'on rencontre quelquefois, il ne traînerait pas une tonne (800 kilogrammes seulement).

Les pentes obligent donc à accroître la force des machines destinées à remorquer les trains, ou à diminuer la charge des convois et le nombre des voitures. Une locomotive qui remorque une charge de 570 tonnes avec une vitesse de 20 kilomètres par heure, sur une voie horizontale, ne traîne, avec la même vitesse, qu'une charge de 270 tonnes sur une pente de 5 millièmes ; de 120 tonnes sur une pente de 15 millièmes ; de 20 tonnes sur une pente de 50 millièmes.

Dans la construction des premiers chemins de fer, les ingénieurs n'osaient encore admettre que des pentes de 5 millièmes au maximum, et telle est encore aujourd'hui la limite adoptée pour les lignes qui ne traversent pas des pays très accidentés. Mais, dans quelques cas, on la dépasse aujourd'hui sans difficulté. Ainsi, le chemin de fer de Strasbourg offre deux rampes inclinées de 8 millimètres, sur un parcours de 20 kilomètres. Sur quelques chemins de fer anglais, on rencontre des pentes qui dépassent 11 millimètres. Le chemin de fer de Paris à Orléans monte, au sortir d'Étampes, sur le plateau de la Beauce, par une rampe d'une longueur de 6 kilomètres, en s'élevant de 50 mètres sur ce parcours, ce qui donne une pente de 8 millièmes.

On redoute les pentes trop fortes, non seulement à cause de la difficulté que la locomotive éprouve à les gravir, mais encore parce que, sur ces pentes, il est très difficile de contenir les convois dans la descente. Toutefois, il y a ici une circonstance qu'il ne faut pas oublier : c'est la résistance de l'air. Il est, en effet, reconnu aujourd'hui, que sur une pente de 10 millimètres par mètre, en ligne droite, la résistance de l'air devient telle, à la vitesse de 60 à 70 kilomètres à l'heure, que les convois abandonnés à eux-mêmes ne peuvent la dépasser. Cette énorme résistance de l'air aide les freins à arrêter les convois. Les accidents qui résultent de cette cause, n'arrivent donc guère que lorsque, par un hasard quelconque, un ou plusieurs wagons se trouvent préalablement poussés sur une pente un peu forte, puis abandonnés à eux-mêmes.

Sur le chemin de fer de Versailles à Paris, un train tout entier, chargé de voyageurs fut, un jour, chassé par le vent, sur une pente de 10 millimètres, à la sortie de la gare de Versailles. Ce train se mit à descendre vers Paris, au grand effroi des voyageurs, avec une vitesse toujours croissante. Heureusement un habile mécanicien, M. Gaillet, se mit aussitôt à faire la chasse au train échappé. Monté sur une locomotive, il courut après le train fugitif, et parvint à le rattraper. Alors il le suivit doucement, s'accrocha au dernier wagon, et arrêta le train, qu'il réussit à ramener à la gare.

Un autre jour, sur le chemin de Lausanne à Morges, un train de ballast s'échappa de la gare de Lausanne, et tombant, comme une bombe, dans la gare de Morges, y brisa tout ce qui se trouvait sur son passage.

Sur le chemin de fer du Sömmering, un train chargé de matériaux, se détacha et roula en arrière. Il faillit tuer quarante ouvriers qui travaillaient dans le souterrain. Heureusement, les travailleurs l'entendirent venir, et eurent le temps d'élever sur la voie, une barricade, contre laquelle vint s'arrêter le monstre dans sa course effrénée. Des désastres ont été occasionnés, sur le chemin de Prague et sur celui de Lyon, par la rencontre de trains de voyageurs avec des wagons chargés de matériaux qui s'étaient échappés de la gare le long d'une pente, et que leur poids poussait dans une direction opposée à celle des trains.

C'est un vrai miracle que les désastres de ce genre ne soient pas plus fréquents, car il arrive assez souvent que des wagons isolés s'échappent des gares, et descendent avec vitesse le long des pentes, entraînés par leur poids.

Les circuits ou les courbes, qu'on est obligé de décrire, pour éviter des obstacles naturels, sont une cause de danger, car les wagons lancés le long de cette courbe, sont chassés contre le rail, par la force centrifuge qui tend à les jeter hors de la voie.

Expliquons, sans interrompre notre exposé, ce que c'est, au juste, que la force centrifuge. Tout le monde sait que tout mouvement circulaire développe une force qui tend à écarter le mobile du centre de l'orbite qu'il parcourt.

On peut s'assurer de cet effet en montant sur le cheval de bois d'un carrousel de foire. Quand la machine a été mise en monument, on est obligé de se pencher du côté intérieur, pour ne pas être lancé hors du cercle, par la poussée considérable qui s'exerce du centre vers la circonférence. C'est la même pression qui permet aux écuyers du cirque, de se tenir librement sur le flanc d'un cheval lancé ventre à terre, et qui fait le tour du manège : la force centrifuge les presse contre le cheval et les empêche de tomber, lorsque, bien entendu, ils se placent du côté du cheval qui répond à l'intérieur du cercle décrit.

C'est cette même force qui fait dérailler les wagons au tournant d'une courbe de trop petit rayon, ou qui du moins, produit toujours une résistance nuisible. Cette résistance devient d'autant plus considérable que la courbure de la route est plus prononcée et la vitesse du train plus grande.

Nous avons déjà dit que, pour éviter les déraillements, on s'est vu obligé de rendre solidaires les roues jumelles des wagons de chemins de fer. Cette solidarité qui oblige les roues à faire toutes les deux le même nombre de tours, s'oppose à l'emploi de courbes très prononcées. Il est clair, en effet, que, dans une voie courbe, le rail intérieur étant plus court que le rail extérieur, la roue intérieure tourne moins vite que la roue extérieure. Il en résulte que la roue extérieure patine, selon le terme technique, c'est-à-dire qu'elle est en partie traînée sur le rail, tandis que, sur les routes ordinaires, les deux paires de roues peuvent, sans inconvénient, tourner avec des vitesses inégales, puisqu'elles sont indépendantes. Une route ordinaire peut tourner court, on peut lui donner des courbures de 30 mètres de rayon, tandis que les courbes des voies ferrées ne doivent pas offrir des rayons de moins de 500 mètres ; on va même volontiers à 800 et 1000 mètres. Les courbes de 200 à 300 mètres de rayon, ne sont, en général, tolérées que dans le voisinage des gares, où la vitesse des convois est toujours considérablement ralentie.

Sur plusieurs chemins d'une certaine importance, construits récemment en France et en Suisse, on a néanmoins adopté en quelques points, par des raisons d'économie, des rayons de 300 mètres. Mais alors on est forcé de ralentir le train au passage de ces courbes. La vitesse ne doit pas y dépasser 30 kilomètres par heure. Pour 200 mètres, il faudrait la réduire à 20 kilomètres par heure, pour 100 mètres, à 10 kilomètres par heure. On perdrait donc l'avantage le plus clair de la locomotion par la vapeur, et le service deviendrait, en même temps, fort dangereux.

Il est vrai, que la Compagnie du chemin de fer de Paris à Strasbourg a exploité, pendant quatre mois, sans accident, l'embranchement de Metz à Forbach, sur la voie exécutée provisoirement autour de la montagne du Heinberg, qui contenait une rampe de 6 millimètres et des courbes de 150 mètres de rayon seulement. Mais les machines marchaient au pas ; elles éprouvaient et elles faisaient éprouver à la voie, une fatigue excessive.

En Allemagne, on adopte aussi des courbes de très faible rayon. C'est ainsi que sur la ligne rhénane, on rencontre des courbes d'un rayon compris entre 376 et 158 mètres sur un parcours de 32 kilomètres. Il y a même, sur l'embranchement de Cologne à Minden, une courbe de 150 mètres de rayon seulement. Enfin, des courbes d'un rayon moindre que 376 mètres et qui descend jusqu'à la limite inférieure de 188 mètres, se rencontrent sur la ligne du Sud-Autrichien, sur un parcours de 106 kilomètres. Ces courbes ne sauraient toutefois être adoptées qu'aux dépens de la sécurité des voyageurs, du moins avec le matériel actuel, qui n'a pas encore une flexibilité suffisante.

CHAPITRE IX

TERRASSEMENTS. - TRANCHÉES. - SOUTERRAINS. - TUNNELS. - PONTS. - VIADUCS. - GARES.

Quand le tracé de la voie a été suffisamment étudié, et qu'il a été marqué sur le terrain, par des jalons à banderolles flottantes, arrive le moment de l'exécution. Les chantiers s'ouvrent sur toute la ligne du parcours ; la pioche et la pelle attaquent la surface du sol, et la poudre leur fraye un passage à travers les rochers.

Les travaux les plus simples qui appartiennent à cette phase de la construction d'un chemin de fer, sont les terrassements. Ils ont pour objet l'aplanissement du sol et les transports de terre. Ils précèdent les ouvrages d'art, où l'architecture doit jouer le grand rôle.

Les terrassements, nécessités par la construction des chemins de fer, exigent des moyens beaucoup plus puissants que ceux qui servent à l'établissement des routes ordinaires, qui tournent les obstacles, au lieu de les surmonter directement. Il s'agit ici de transporter des terres à des distances très grandes, et de creuser des tranchées, souvent très profondes.

Le chemin de fer devient ici son propre auxiliaire. Les déblais sont transportés sur des voies ferrées provisoires, par ces mêmes locomotives qui traîneront plus tard les convois de voyageurs. On a créé pour ce genre de travaux, en Angleterre, un matériel spécial, qui est entre les mains d'une classe d'entrepreneurs riches et habiles. Mais cet usage ne s'est pas encore répandu dans les autres pays.

Les travaux de terrassement sont de deux sortes. Si le sol est plus élevé que le niveau du futur chemin, il faut ouvrir des tranchées, et exécuter un déblai. S'il est plus bas que le niveau projeté, il faut combler le vide, c'est-à-dire élever un remblai. Ces deux opérations se mènent souvent de front. Les terres provenant des tranchées, sont portées dans la direction du chemin, pour en élever le niveau aux points où il est trop bas. On opère alors par compensation.

Fig. 163. — Cunette d'une tranchée.

Quand on ne peut opérer ainsi, les matériaux enlevés sont déposés des deux côtés du chemin, et les remblais sont exécutés avec des terres que l'on va chercher dans le voisinage. Ce travail s'appelle opérer par voie de dépôt et d'emprunt. Le choix entre ces deux modes est déterminé par la nature du terrain ou les circonstances du travail.

Quand la profondeur d'une tranchée ne dépasse pas 5 à 6 mètres, on commence par ouvrir, au milieu de la section, une tranchée verticale plus étroite, appelée cunette ou goulet. Cette cunette est représentée par la lettre A de la figure 163. On enlève les terres des deux côtés, en faisant usage de brouettes et de tombereaux ; puis l'on pose sur le fond de la cunette, une couple de rails, pour les wagons de terrassements. Pour faciliter le départ des wagons chargés, on donne à cette voie provisoire une légère inclinaison. Dès lors, on enlève les massifs B et C à la pioche et à la pelle, et les wagons transportent les déblais aux endroits où ils doivent être déposés.

Si la tranchée a une profondeur plus considérable, on l'exécute par étages successifs. Quand l'étage supérieur a été enlevé jusqu'à l'ouverture de la cunette, on attaque l'étage inférieur, par une seconde cunette que l'on munit, comme la première, d'une voie provisoire, pour faciliter le transport des terres, et ainsi de suite jusqu'à ce qu'on parvienne au fond de la tranchée (fig. 164).

Pour charrier les terres déposées sur le bord des tranchées, on se sert de brouettes. Les Anglais emploient dans ce cas, un mécanisme fort ingénieux, qui

Fig. 164. — Ouverture d'une tranchée profonde.

facilite beaucoup la tâche de l'ouvrier. L'appareil se compose de deux planchers à palier, sur chacun desquels roule une brouette. Au bout de chaque plancher est fixé un poteau muni de deux poulies, sur lesquelles passe une corde, dont une extrémité est attachée à la brouette. La corde descend le long du poteau, passe sur la poulie inférieure, se dirige vers le second poteau, le long duquel elle remonte, pour s'attacher ensuite à la seconde brouette. Quand l'une des deux brouettes est pleine, l'autre est vide. Des chevaux marchant d'un poteau vers l'autre, tirent la partie horizontale de la corde, et font monter la brouette pleine sur son plancher. Quand elle est arrivée au sommet, on la décharge, et l'ouvrier s'y assoit pour se laisser redescendre.

Les plus grandes tranchées que l'on ait exécutées, sont d'abord celle de Tring, sur le chemin de Birmingham, en Angleterre, et celle de la Loupe, sur les confins des départements d'Eure-et-Loir et de l'Orne en France, cubant, l'une et l'autre, onze cent mille mètres. Vient ensuite celle de Gadelbach, sur le chemin d'Ulm à Augsboure, dont le volume est d'un million de mètres cubes. Ce volume représente un cube de 100 mètres de côté et un poids de 1 à 2 millions de tonnes. Parmi les autres tranchées célèbres, nous citerons celle de Tabatsoïen, qui a fourni 860 000 mètres cubes de déblai ; — celle de Cowran, sur le chemin de Carliste, qui a donné 700 000 mètres ; — celle de Poincy (ligne de Strasbourg), qui a environ 2 kilomètres de longueur, 16 mètres de profondeur maximum, et dont on a extrait 500 000 mètres cubes ; — celle de Pont-sur-Yonne, au chemin de Lyon, cubant 470 000 mètres cubes, et qui fut ouverte, en quatre-cent quatre-vingts jours, par les entrepreneurs belges, Parent et Shaken ; sa profondeur maximum est de 20 mètres ; — enfin, la tranchée de Clamart, sur le chemin de Versailles (rive gauche), dont le cube était d'environ 400 000 mètres.

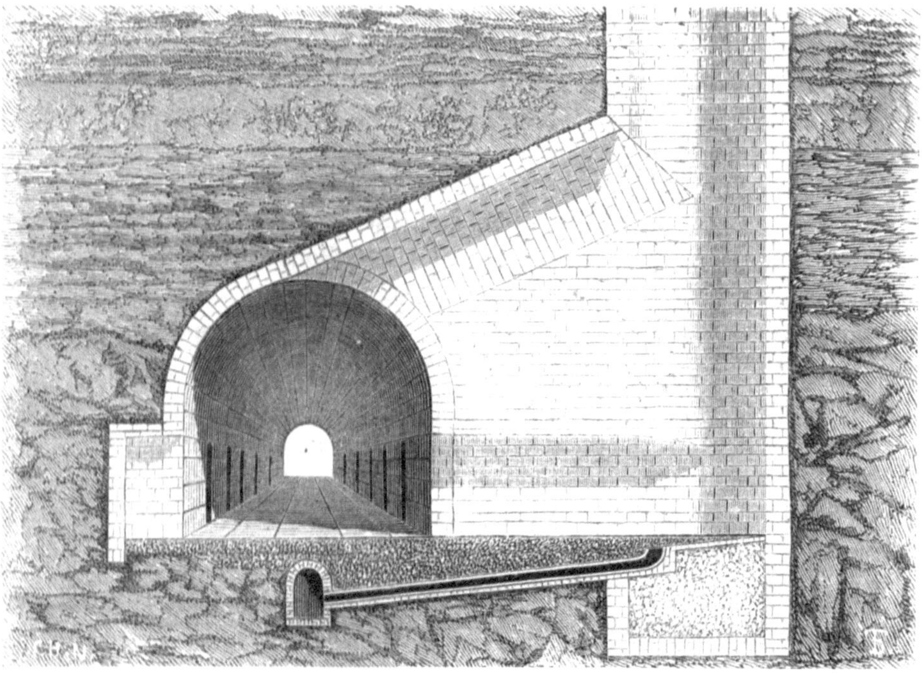

Fig. 165.— Coupe d'un tunnel avec le puits d'aérage.

Les deux tranchées de la vallée de Malaunay, sur la ligne de Rouen au Havre, cubent chacune, 250 000 mètres, tandis que le remblai intermédiaire est de 600 000 mètres, ce qui a permis de travailler par voie de compensation.

Le transport des terres ne suffit pas toujours pour l'achèvement d'une tranchée. Il faut encore prévenir les éboulements des parois latérales, par des travaux de consolidation, tels que murs de soutènement, revêtements en pierres sèches, gazonnements, tuyaux de drainage, rigoles, etc. Des travaux analogues sont souvent nécessaires pour consolider les remblais sur lesquels passe la chaussée.

Pour donner une idée des travaux considérables nécessités par l'ouverture d'une tranchée, nous prendrons comme exemple, celle de la Loupe, à peu de distance du bourg de Lehoy et de Nogent-le-Rotrou, sur le chemin de l'Ouest. Cette tranchée s'étend sur une longueur de 4 kilomètres. Elle est d'une profondeur maximum de 16 mètres.

Pendant plusieurs années, elle occupa, en moyenne, onze cents ouvriers. Les couches de terre glaiseuse qui forment ses parois, sont retenues par d'épais murs de soutènement, hauts de 4 mètres, au-dessus desquels on a disposé des banquettes, pour garantir la voie contre les éboulements provenant des talus supérieurs. On avait eu l'intention, à l'origine, de percer un tunnel dans le monticule de la Loupe où cette tranchée a été ouverte ; on avait même déjà creusé des puits pour commencer le percement. Mais ce projet fut abandonné, et les puits servent aujourd'hui pour l'écoulement des eaux ; ils réunissent les eaux de source et de pluie et les conduisent jusqu'aux couches absorbantes inférieures.

Malgré tant de précautions, des éboulements causés par l'infiltration des eaux et par la pesanteur des couches peu compactes, arrivent fréquemment. Ils nécessitent des réparations coûteuses et une surveillance des plus actives.

Quand l'élévation du terrain est trop considérable pour qu'on puisse songer à y établir une tranchée à ciel ouvert, on est forcé de construire une de ces galeries souterraines, auxquelles est resté attaché le nom anglais de tunnel. Il y a peu d'années, les tunnels étaient encore une sorte de curiosité ; on les citait comme des merveilles. Aujourd'hui, ils se rencontrent partout, et n'étonnent personne.

Les tunnels les plus remarquables sont : celui de la Nerthe, sur le chemin d'Avignon à Marseille, dont la longueur est de 4 600 mètres ; — celui de Blaisy, sur le chemin de Lyon, qui mesure 4 100 mètres ; — celui du Credo, au chemin de Lyon à Genève, dont la longueur est de 3 900 mètres ; — celui de Rilly, sur l'embranchement de Reims, long de 3 500 mètres ; — celui des Apennins (chemin de Turin à Gènes), qui a 3 100 mètres ; — enfin, ceux de Hommarting (chemin de Strasbourg) et du Hauenstein, sur le chemin de fer Central, en Suisse, qui ont, respectivement, 2 880 et 2 500 mètres.

Le souterrain qu'on sera obligé de percer sur le chemin de Roanne à Tarare, tronçon du chemin de Lyon par le Nivernais, aura même une longueur de 6 kilomètres. Enfin, celui qu'on a commencé d'ouvrir sous le Mont Cenis, pour relier sous le massif des Alpes, les chemins de fer de la France à ceux de l'Italie, offrira la longueur énorme, d'environ 13 kilomètres ! Nous reviendrons tout à l'heure sur ce travail colossal.

Voici comment s'opère le percement d'un tunnel.

On commence par en fixer la direction, à l'aide de jalons plantés sur les flancs du massif qu'il s'agit de traverser. Ensuite, on creuse une série de puits, à quelques mètres de l'axe du tunnel projeté. Ces puits sont plus ou moins espacés, suivant la rapidité avec laquelle le travail doit être achevé. Dans le tunnel de Saint-Cloud, ils ne sont distants l'un de l'autre que de 50 mètres ; à Blaisy, on les échelonna de 200 en 200 mètres.

Les puits descendent jusqu'au niveau de la voie projetée ; on détermine leur profondeur à l'aide du profil en long préparé d'avance.

Quand les puits sont creusés, des ouvriers, armés de pioches, y descendent, et s'ouvrent d'abord un passage transversal jusqu'à l'axe du tunnel. Ils se mettent ensuite à attaquer le terrain, dans les deux directions opposées que doit suivre la voie. Pour exécuter ce travail souterrain, ils s'éclairent avec des lampes, et n'ont d'autre guide qu'une boussole.

Cette méthode est préférable à celle qui consiste à creuser les puits dans l'axe même du futur tunnel ; car les galeries transversales servent de dépôts pendant toute la durée des travaux, et le chemin une fois terminé, les puits peuvent être conservés pour l'aérage du souterrain.

Si l'on rencontre des sources, on donne aux puits une profondeur plus grande, afin de les utiliser comme collecteurs des eaux.

L'extraction des déblais se fait par les puits, à l'aide de treuils, ou bien par les portes du tunnel, si elles sont ouvertes à temps.

Les figures ci-dessus donneront une idée assez nette des différentes phases de la construction d'un tunnel. La première (fig. 166) représente un canal bas et étroit, qui est remplacé bientôt par une galerie semi-circulaire (fig. 167), murée et soutenue par des étais, qui porte le nom de cintre. Quand le cintre est achevé, on creuse en dessous ; puis on commence la maçonnerie des pieds-droits (fig.168 et 169). Enfin, on revêt d'une paroi en maçonnerie l'intérieur des puits que l'on veut conserver pour l'aérage du tunnel, et on les met en communication, par des rigoles, avec le canal par lequel s'écoulent les eaux au-dessous de la voie.

La figure 165, montre comment les puits qui ont été creusés à l'époque du commencement des travaux du tunnel, se rattachent au tunnel après son exécution. Cette figure montre la galerie transversale qui a été creusée pendant les travaux, et qui fait communiquer le tunnel avec le puits. On voit en face, une des niches qui servent de refuge aux cantonniers, pendant le passage des trains. Sur la même figure on voit la fosse d'assainissement qui conduit, au moyen d'un canal incliné, les eaux dans une fosse souterraine, d'où elles se perdent dans le sol.

La longueur du tunnel de Blaisy, que nous prendrons pour exemple, afin de résumer, par une application spéciale, les données générales qui précèdent est,

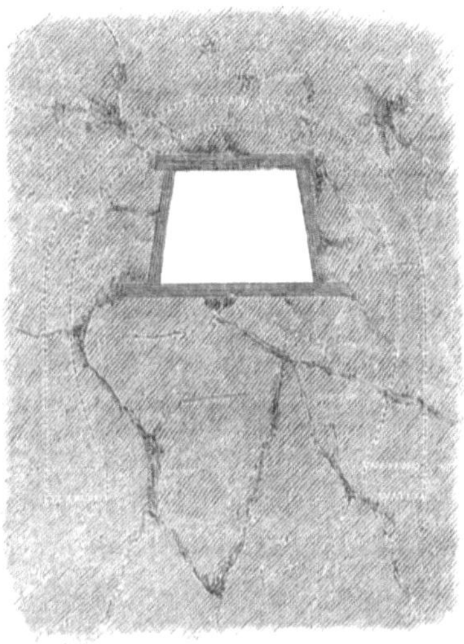

Fig. 166. — Galerie provisoire.

Fig. 167. — Établissement du cintre.

Fig. 168. — Établissement des pieds-droits.

Fig. 169. — Maçonnerie des pieds-droits.

avons-nous dit, de 4 400 mètres, la hauteur maximum du massif au-dessus de la voie, est de 200 mètres. Ce tunnel ouvre un passage du bassin de la Seine dans celui du Rhône, et relie ainsi les eaux de la Manche à celles de la Méditerranée. Vingt-un puits, espacés de 200 en 200 mètres, ont servi à le creuser, et on en a conservé quinze pour l'aérage. La galerie souterraine a une hauteur de 7^{m},50 sous clef, sa largeur est de 8 mètres, la pente de la voie est de 4 millimètres, ce qui donne une différence du niveau de 17 mètres entre l'entrée et la sortie.

Ce tunnel, qui a été achevé en trois ans et quatre mois, a occupé 2 500 ouvriers.

Arrivons au gigantesque souterrain qui doit relier la France à l'Italie, par le Mont-Cenis.

On pouvait songer, pour opérer la jonction des chemins de fer de la Savoie et de la Suisse avec ceux de la haute Italie, à établir le long des pentes du Simplon, une voie ferrée, à rampes convenablement ascendantes, à la condition de faire construire des locomotives d'une très grande puissance. Ce projet fut mis en avant et bientôt abandonné, peut-être à tort ; car les remarquables études que M. Eugène Flachat a entreprises à ce sujet, ont beaucoup fait avancer la question, et elle pouvait peut-être être résolue dans ce sens. Mais, en 1857, époque à laquelle le gouvernement sarde adopta le projet du percement du Mont-Cenis, l'idée de faire remonter les cimes alpestres aux convois d'une ligne ferrée, aurait semblé un trait de folie.

En matière de science et d'industrie, les folies de la veille sont les réalités du lendemain !

L'idée d'une voie ferrée à créer au sein des Alpes, une fois écartée, il ne restait plus que le percement de la montagne, par un tunnel d'une longueur suffisante et d'une pente raisonnable.

Pour mettre ce projet à exécution, il fallait commencer par chercher la moindre épaisseur des Alpes et la moins forte différence de niveau d'un versant à l'autre. Cette double condition parut remplie entre Modane, en France, et Bardonnèche, en Italie, c'est-à-dire au mont Tabor, à dix lieues environ du Mont-Cenis proprement dit. L'épaisseur de la montagne est, sur ce parcours, d'environ 43 kilomètres, et sa hauteur, de 1 600 à 1 800 mètres.

L'homme à qui revient l'honneur d'avoir le premier indiqué le point le plus favorable pour le percement de ce passage et de ce tunnel colossal, n'était point un ingénieur : c'était un modeste habitant de ces montagnes, homme nullement savant, mais doué d'intelligence et d'une rare persévérance, il se nomme M. Médail.

Un ingénieur belge, M. Mauss, directeur des chemins de fer entre Turin et Gênes, se dévoua activement à l'étude de ce projet. Aidé du savant géologue

Sismonda, M. Mauss parcourut toutes les vallées accessibles, fit étudier les tracés, et présenta, en 1849, au gouvernement sarde, un projet, avec pièces à l'appui, d'après lequel les frais d'exécution devaient s'élever à 35 ou 40 millions.

Les procédés imaginés par M. Mauss et essayés par lui, se composaient d'un système de perforateurs mécaniques mis en mouvement par une chute d'eau, et d'une méthode de transmission de la force motrice à l'aide de poulies et de câbles. Mais ce système laissait beaucoup à désirer.

Six ans plus tard, en 1855, un physicien suisse bien connu, M. Colladon, se rendit à Turin, et fit connaître un ensemble de moyens qu'il proposait d'appliquer au percement des Alpes.

Les procédés de M. Colladon avaient pour trait caractéristique l'emploi de l'air comprimé, devant servir, tout à la fois, à la transmission de la force mécanique et à l'aérage du souterrain.

A la même époque, un ingénieur du chemin de fer de Victor-Emmanuel, M. Bartlett, fit connaître une nouvelle machine à vapeur locomobile, destinée à pousser contre le roc, des fleurets de mineur. Mais la machine de M. Bartlett, excellente pour les travaux à ciel ouvert, ne pouvait s'appliquer aux travaux du mont Tabor, parce que la vapeur aurait bientôt rempli la galerie et rendu impossible la présence des ouvriers. Toutefois, on pouvait espérer d'arriver à un résultat satisfaisant, en combinant ensemble les deux moyens proposés par MM. Colladon et Bartlett, c'est-à-dire en substituant l'air comprimé à la vapeur dans la machine à perforer les roches.

La grande question était donc de se procurer facilement l'air comprimé dont on avait besoin pour faire marcher la machine.

Ce nouveau problème fut résolu par trois ingénieurs italiens, MM. Grandis, Grattone et Sommeiller, au moyen d'un appareil qui devait servir à la fois à la ventilation du tunnel, à la perforation du roc et au déblaiement des débris produits par l'explosion des mines.

Le compresseur hydraulique imaginé par ces trois ingénieurs, consiste en une sorte de vaste siphon renversé qui, d'un côté, communique avec une chute d'eau de 26 mètres, et de l'autre, avec un réservoir d'air. L'eau est employée à comprimer l'air dans le réservoir, jusqu'à 6 atmosphères. Cet air, maintenu à la même pression, par une colonne d'eau en communication avec un réservoir élevé de 50 mètres, sert de force motrice pour enfoncer dans le roc, des fleurets horizontaux, qui y creusent des trous de mine. La poudre fait ensuite voler en éclats, la roche ainsi entamée ; et l'air comprimé est utilisé de nouveau pour opérer le déblaiement des décombres.

Cet appareil fut essayé et étudié par une commission composée d'ingénieurs et de savants qui déclarèrent qu'il creuserait les trous de mine douze fois plus vite que ne pourrait le faire le travail manuel ; — que, grâce à ce perforateur, on avancerait de 3 mètres par jour, au lieu de $0^m,45$; — et que, par conséquent, la durée totale du percement de la montagne serait réduite de trente-six ans à six années de travail seulement. Tout était donc pour le mieux.

Le 1er septembre 1857 eut lieu l'inauguration solennelle des travaux, avec une pompe digne de l'importance de cette oeuvre gigantesque. Le roi Victor-Emmanuel et le prince Napoléon mirent le feu aux mèches des deux premières mines, à l'aide de deux fils électriques de 800 mètres de longueur, établis à Modane, au pied du mont Tabor du côté de la France. Les travaux commencèrent peu de jours après.

Cependant, on s'aperçut bientôt que les calculs de la commission étaient chimériques ; car, au lieu d'avancer, de chaque côté, de 3 mètres par jour, ce qui aurait donné une avance totale de 2 000 mètres par an et de 8 kilomètres en quatre ans, on n'était encore parvenu, au mois de septembre 1861, qu'à 750 mètres de l'extrémité de Modane, et à 950 mètres du côté de Bardonnèche ; total : 1 700 mètres seulement, en quatre années.

C'est que la difficulté de faire manœuvrer le perforateur mécanique au milieu des décombres et sur des surfaces irrégulières, compensait tous ses avantages, et retardait le travail dans une mesure extraordinaire. De plus, à mesure qu'on s'enfonçait dans les entrailles de la montagne, l'aérage devenait de plus en plus problématique.

On n'a donc pas tardé à reconnaître que le percement du tunnel des Alpes sera beaucoup plus long et plus difficile que ne le présentaient les prospectus de l'entreprise.

Quoi qu'il en soit, le tracé adopté pour cette voie souterraine, part de la commune des Fourneaux, près de Modane, en Savoie, court du N.-N.-O. au S.-S.-E., et va aboutir à Bardonnèche, petit village d'Italie, situé à environ 40 kilomètres de Suze. Il suit, à peu de distance, le col d'Arionda et le col de la Roue. Les deux points choisis pour les extrémités du tunnel, sont éloignés de 12 200 mètres. Ils correspondent à peu près à la partie la plus étroite de la chaîne des Alpes, à savoir, au faîte qui sépare les vallées de l'Aar et de la Doria, lesquelles suivent deux pentes parallèles et opposées. Le point culminant de la montagne à percer, s'élève à 2 950 mètres au-dessus du niveau de la mer.

L'entrée du tunnel à Modane, est située à une altitude de 1 200 mètres, celle de Bardonnèche à 4 330 mètres, ce qui fait une différence de niveau de 130 mètres. Pour racheter cette inégalité énorme, on donne à la voie, du côté italien, une pente de 5 millièmes, et du côté français, une inclinaison de 23 millièmes ; de sorte que le milieu du tunnel est un peu plus élevé que l'entrée de Bardonnèche. La crête de la montagne se trouve au-dessus de ce point, à une hauteur de 1 600 mètres. Le tunnel aura deux voies, 8 mètres de largeur, et 6 mètres d'élévation. Les roches qu'il s'agit de traverser, sont beaucoup plus dures à Modane qu'à Bardonnèche. A Modane, on a trouvé des poudingues et des quartzites ; puis viennent 3 000 mètres de calcaires compactes, et enfin, du côté de Bardonnèche, des calcaires schisteux assez tendres.

La dureté plus grande de la roche, jointe à l'absence de machines, a beaucoup retardé les travaux du côté français, pendant qu'ils avançaient assez vivement du côté italien, où les chutes d'eau de la Doria et de quelques autres torrents, permettaient d'installer les compresseurs hydrauliques de M. Sommeiller. Cependant M. Sommeiller a fait construire pour Modane, un autre appareil, approprié aux ressources naturelles dont on pouvait disposer à cette station. C'est un compresseur à double effet qui fonctionne sous l'action seule de la faible chute d'eau de $5^{m},60$ qui existe à Modane. L'emploi de cet appareil doit accélérer les travaux.

Les puissants compresseurs employés au percement du tunnel des Alpes, peuvent débiter, par heure, 25 000 mètres cubes d'air comprimé, quantité suffisante, dit-on, pour renouveler l'air intérieur, et dont une faible partie seulement est nécessaire pour faire mouvoir les pics qui labourent la roche. Chaque perforateur creuse une dizaine de trous de $0^{m},90$ en six heures. Pour faire sauter les mines et déblayer les décombres résultant de l'explosion, il faut encore quatre heures. On avance donc, en moyenne, de $0^{m},90$ en dix heures, ou de $1^{m},80$ par jour. Deux mille ouvriers, mineurs, maçons, cantonniers, tailleurs de pierre ou mécaniciens, travaillent nuit et jour des deux côtés du tunnel, se relayant de huit en huit heures.

Il est difficile d'assigner d'avance une limite à la fin des travaux mais s'il ne survient aucune difficulté imprévue, on espère que tout sera terminé en 1872.

Quand cette oeuvre grandiose sera achevée, on se rendra de Paris à Turin en 22 heures, de Paris à Milan en 27 heures. On pourra dire alors qu'il n'y aura plus ni Pyrénées ni Alpes.

D'après un récent rapport de M. Sommeiller, à la fin de l'année 1863, on avait percé 2 322 mètres du côté de l'Italie et 1 763 mètres du côté de la France ; ce qui donne un total de 4 085 mètres : juste un tiers de la longueur totale du tunnel. Depuis le 1er janvier 1865 jusqu'au 1er janvier 1866, on a percé 1 147 mètres en plus, ce qui fait en tout 5 232 mètres. Mais le travail est maintenant arrêté par une masse de granit où l'on n'avance qu'avec une vitesse inférieure d'un tiers à la vitesse ordinaire.

La présence de cette roche avait été très exactement prédite par MM. Élie de Beaumont et Sismonda qui avaient annoncé du granit à une distance de 1 500 à 2 000 mètres de la bouche du tunnel, du côté de l'Italie.

On vient de voir que les conditions particulières aux chemins de fer et les difficultés inhérentes à leur établissement, ont été une occasion constante de triomphe pour la science de l'ingénieur. La construction des ponts et viaducs, que nous avons maintenant à examiner, va nous prouver que l'architecture n'a pas moins gagné que les autres arts, à la création des railvays. Des proportions monumentales dans les édifices, une foule de types nouveaux créés pour les besoins de circonstances particulières, des procédés ingénieux, imaginés pour résoudre des problèmes qu'on n'avait pas encore osé aborder ; tout cela donne aux constructions architecturales qui dépendent des chemins de fer, un cachet spécial de grandeur, d'originalité et d'élégance.

Les ponts se classent d'après la nature des matériaux employés à leur construction. Il y a d'abord, les ponts en bois, ou *estacades*, ensuite les ponts en pierre, et ceux en fer.

Les ponts en bois sont les plus économiques, mais aussi les moins durables. Abandonnés en Europe, ils sont encore fréquemment employés aux États-Unis, où les convois franchissent les rivières et les marécages, sur des charpentes à peine terminées, sans parapets ni tabliers, au risque des accidents les plus horribles, qui n'arrivent, en effet, que trop souvent. Les ponts en charpente sont très communs en Angleterre, dans le Cornouailles, où ils ont donné lieu à des constructions d'une hardiesse et d'une légèreté admirables.

Le plus grand viaduc en bois qui existe, est celui de Haut-Portage, dont la longueur est de 267 mètres et la hauteur de 79 mètres.

Quelquefois, les *estacades* ne servent que d'une manière provisoire. On se hâte de construire à leur intérieur, des ponts définitifs ; puis on les démonte, sans que le service ait souffert un seul jour d'interruption.

C'est ainsi que le pont en tôle d'Asnières, sur le chemin de Paris à Saint-Germain, qui fut si stupidement détruit en 1848, fut reconstruit, la même année, sous une estacade provisoire, sans nécessiter la moindre interruption dans le service des lignes innombrables qui s'entrecroisent à chaque instant sur ce pont.

Les ponts de pierre qui atteignent une certaine longueur, se nomment viaducs. Parmi les viaducs, l'un des plus remarquables et des plus connus, est celui du val Fleury, près de Meudon, sur le chemin de fer de Versailles (rive gauche). Il fut construit par M. Doyen. Comme le fond de la vallée se compose d'un terrain argileux très mou, il fallut pousser les fondations jusqu'à la couche de craie inférieure. Le volume de maçonnerie cachée sous terre, se trouve donc presque aussi considérable que la partie visible.

Les arches élancées de ce viaduc, remarquable par sa svelte élégance, sont pourtant moins élevées que celles du célèbre viaduc de Durham, en Angleterre, dont la hauteur est de 40 mètres. Les arches ont de 45 à 50 mètres d'ouverture.

Fig. 170. — Viaduc de Morlaix, sur le chemin de fer de Paris à Brest.

Un des ouvrages de ce genre les plus hardis que nous puissions signaler, c'est le viaduc de la Goltsch, en Saxe, dont la hauteur maxima est de 80 mètres, et la longueur de près de 600 mètres. C'est la hauteur du sommet du Panthéon à Paris ! Le beau pont établi pour le passage de la Marne, à Nogent, près de Paris, et les viaducs établis aux abords de ce pont, méritent aussi une mention spéciale. Pont et viaduc dessinent une courbe longue de 700 mètres. Les quatre arches qui s'élèvent sur la rivière, ont 20 mètres de haut et 50 mètres d'ouverture. Trente arcades, plus petites, les relient aux remblais des abords. La maçonnerie est faite en pierre meulière et ciment romain.

Rien de plus élégant, rien de plus hardi que le viaduc d'Auteuil situé au Point du jour, sur le chemin de fer de ceinture de Paris.

Citons encore le viaduc de Chaumont (HauteMarne) qui a été construit sur la Suize. Long de 600 mètres, haut de 50 mètres, cet ouvrage d'art fut exécuté en moins d'une année, en travaillant nuit et jour, et en se servant, la nuit, de la lumière électrique.

Cette rapidité fut un vrai tour de force dont on n'avait pas encore eu d'exemple.

Le viaduc le plus léger qui ait été encore construit, est celui de Cornelle, près de Chantilly (chemin de fer du Nord). Il est entièrement en moellons, sauf les parements. Sa hauteur maxima est de 25 mètres ; les piles ne sont pas évidées.

Nous devons citer enfin parmi les beaux viaducs, celui qui traverse la vallée de l'Indre, entre Tours et Monts, sur le chemin de Paris à Bordeaux. Ses cinquante-neuf arches ont une hauteur moyenne de 22 mètres, et se développent sur un espace de 750 mètres. C'est un des plus beaux monuments auxquels ait donné naissance la construction de nos chemins de fer.

Le viaduc que nous avons choisi pour donner, par une figure précise, une idée de la construction de ce genre d'édifice, est celui de Morlaix, sur le chemin de fer de Paris à Brest (fig. 170). Ce viaduc passe à une hauteur considérable, au-dessus des maisons de la ville.

Le pont qui relie les deux rives du Rhône, entre Tarascon et Beaucaire, est en pierre et en fer. Ses piles et culées sont en pierre et le tablier en fer. Il a coûté six millions et demi. Ce genre de ponts (pierre et fer ou fonte) est aujourd'hui très répandu en Europe. Nous citerons, parmi ces sortes de ponts, celui de Newcastle, bâti par Robert Stephenson, et celui d'Asnières.

Quand la portée des travées doit être très considérable, on a recours aux ponts tubulaires, qui sont aux ponts et viaducs ordinaires, ce que les tunnels sont aux tranchées. Les ponts tubulaires sont de vastes conduits rectangulaires, formés de quatre lames de tôle rivées ensemble et reposant, par leurs extrémités, sur des culées ou sur des piles très écartées, en maçonnerie. Les convois passent dans l'intérieur de ces immenses tuyaux suspendus, qui manquent assurément d'élégance, mais dont la forme est calculée pour offrir une grande stabilité, malgré leur légèreté relative. Les ponts tubulaires les plus célèbres, sont les deux ponts de Conway et de Menai, construits par Robert Stephenson sur le chemin de fer de Chester à Holyhead. Le premier relie la petite île de Holyhead à l'île d'Anglesey ; le second établit la communication entre Anglesey et le comté de Carnarwon (pays de Galles). On lui a donné le nom de Britannia Bridge.

Voici dans quelles circonstances Stephenson imagina l'audacieuse construction du pont de Menai.

Le chemin de fer avait à franchir le détroit qui sépare l'île d'Anglesey du pays de Galles, et qui offre une largeur minimum de 300 à 400 mètres. L'amirauté anglaise, à laquelle il fallut soumettre le projet du pont à construire, exigea d'abord que le niveau des rails fût porté à 30 mètres au moins au-dessus des plus hautes marées, afin de permettre aux navires de passer par-dessous avec toute leur mâture. Elle exigea ensuite qu'il ne fût fait aucun usage de cintres ni d'échafaudages pour la construction du pont. C'était mettre les ingénieurs, littéralement, au pied du mur.

Fig. 171. — Pont sur le Rhin, entre Strasbourg et Kehl.

Robert Stephenson ne fut pas longtemps embarrassé par ces difficultés. Il commença par faire construire, sur un rocher situé au milieu du détroit, une tour élevée de 50 mètres ; puis, sur chaque rive, une tour un peu moins élevée, distante de 140 mètres de la tour moyenne ; enfin à 70 mètres en arrière de ces deux piles extrêmes, deux culées, adossées aux levées d'Anglesey et de Carnarwon. Alors quatre tubes de fer laminé, longs chacun de 144 mètres, hauts de 9 mètres et larges de 4^{m},50, furent amenés sur des radeaux entre les trois piles, au-dessous de l'emplacement qu'ils devaient occuper, et hissés jusqu'au sommet des tours, au moyen de presses hydrauliques mues par la vapeur et placées sur les tours.

Chacun de ces tubes pèse 1 800 tonnes. C'est près de 2 millions de kilogrammes, qu'il fallut monter à plus de 30 mètres de hauteur !

La pile du milieu fut ainsi reliée, par deux tubes parallèles, offrant ensemble une largeur de 9 mètres, avec chacune des piles extrêmes. Les tubes de 70 mètres furent construits en place, sur des échafaudages, et réunis aux grands tubes, au moyen de tubes de raccord. De cette façon, chaque moitié du pont se compose d'une immense poutre creuse de 460 mètres de longueur, fixée sur la pile centrale, et reposant librement sur les deux piles de rive et sur les culées.

Chacune de ces deux poutres pèse 5 400 tonnes. Leurs poids réunis donnent, par conséquent, près de 11 millions de kilogrammes. On a calculé que le poids seul des clous qui ont servi à assembler les feuilles de tôle, est de 900 tonnes.

Le pont de Menai a coûté 15 millions.

Quant au pont de Conway, qui relie l'île d'Anglesey à Holyhead, les deux poutres parallèles, longues de 122 mètres entre leurs deux culées, ne sont supportées en aucun point intermédiaire ; elles pèsent chacune 1 130 tonnes.

Il y a quelques années, Stephenson et Ross ont construit, sur le fleuve Saint-Laurent, un immense pont tubulaire, qui donne passage au chemin de fer de New-York au Canada, et qui a reçu le nom de Pont Victoria. D'une longueur totale de 2 740 mètres, il offre vingt-cinq travées, d'une portée qui s'accroît depuis 74 jusqu'à 100 mètres, en allant des culées vers les piles du milieu. En même temps, les piles augmentent d'épaisseur, et la hauteur du tube s'accroît dans une proportion semblable ; au centre, elle est d'un peu moins de 7 mètres. Le plancher du tube se trouve à 18 mètres au-dessus de l'étiage. Le poids total du fer employé à la construction de cet ouvrage cyclopéen, dépasse 10 000 tonnes.

Le passage des convois dans le pont Victoria a lieu ordinairement en quatre minutes, ce qui correspond à une vitesse moyenne de 40 kilomètres par heure. Mais les ingénieurs ne doutent pas qu'on ne puisse circuler dans ces tubes, sans aucun danger, à des vitesses beaucoup plus considérables. La confiance qu'inspire leur solidité est sans réserve.

De tous les ponts tubulaires construits en France, nous ne citerons que le pont de Mâcon, sur la Saône, dont les piles, entièrement en fonte, reposent sur des fondations de béton et de maçonnerie, qui ont été construites sous l'eau, à l'aide de l'air comprimé, d'après le système de fondations tubulaires, alors nouveau en France.

Quand les montants latéraux et le plafond sont évidés, le pont tubulaire devient un pont treillissé. Tels sont les célèbres ponts de Kehl sur le Rhin (fig. 171) ; de Bordeaux, sur la Gironde ; de Dirschan, sur la Vistule ; d'Offenbourg, sur la Kinzig (chemins de fer badois),etc.

Le grand pont qui relie, entre Kehl et Strasbourg, le réseau des chemins de fer de l'Est français aux chemins badois, et qui a été livré à la circulation en 1861, a une longueur totale de 235 mètres. Comme le tablier n'est qu'à $1^{m},50$ au-dessus des plus hautes eaux du Rhin, on a rendu mobiles, comme il est facile de le reconnaître sur notre dessin, les deux travées contiguës aux rives allemande et française, d'abord dans l'intérêt de la navigation, mais aussi, il faut le dire, dans un but stratégique.

L'Allemagne a voulu pouvoir, à volonté, se séparer de la France, sa voisine. Ainsi, l'on va prévoir, en pleine paix, le cas sinistre de la guerre entre les deux peuples ! Les ingénieurs n'y auraient peut-être pas songé ; mais les hommes d'État n'ont eu garde de l'oublier.

Le pont de Kehl a deux voies, séparées par une troisième, d'environ 2 mètres, et bordées de passerelles pour les piétons. Il repose sur quatre piles, larges de 15 à 21 mètres, et épaisses de 3 mètres à $4^{m},5$. Les fondations présentaient des difficultés exceptionnelles. La vitesse du courant, la composition du lit du fleuve, lequel consiste en gravier d'une profondeur de 60 mètres, les affouillements continuels produits dans ce lit par les crues rapides, et une foule d'autres obstacles s'opposaient à l'emploi des procédés ordinaires. On a donc eu recours, pour bâtir dans le lit du fleuve, les piles du pont, au procédé des fondations tubulaires, c'est-à-dire à l'emploi de grands caissons remplis d'air comprimé, qui refoule les eaux, et permet aux ouvriers de travailler à l'intérieur de ces caissons, ouverts par leur base inférieure, laquelle repose sur le fond du fleuve.

Comme nous décrirons ce procédé dans une notice spéciale, nous nous bornons à le mentionner ici en un mot.

Le pont de Kehl a coûté 8 millions. Quand on le mit à l'essai, avant de le livrer à la circulation, quatorze locomotives et quatre-vingts wagons, formant ensemble un poids de 960 tonnes (8 tonnes par mètre courant), ne purent faire fléchir le tablier que de 12 millimètres, pendant une journée entière.

Le pont du Rhin à Cologne, construit de 1855 à 1859, qui offre une longueur de 400 mètres, et a coûté 10 millions ; — celui de Coblentz, de date plus récente ; — celui de la Gironde, à Bordeaux, dont la longueur totale, y compris les viaducs aux abords, est de 630 mètres ; — ceux de la Vistule, à Dirschan et à Varsovie ; — et quelques autres ponts célèbres, appartiennent, comme il a été dit plus haut, à la catégorie des ponts à treillis.

Les ponts de Bordeaux et de Varsovie, ont nécessité, comme celui de Mâcon et celui de Kehl, des fondations tubulaires. Ce procédé a été suivi également pour la fondation de la pile unique du grand pont de Saltash, construit sur un bras de mer, à Plymouth, et pour la fondation des ponts de Rochester, d'Argenteuil, etc.

Le pont de Saltash est un *bowstring*, c'est-à-dire un pont dont le tablier est soutenu par des tirants verticaux attachés à un axe supérieur tubulaire, de section elliptique. Les ponts sur l'Aar et sur la Sitter, longs chacun de 160 mètres, et celui de Fribourg, long de près de 400 mètres et haut de 86 mètres, reposent sur des colonnes en fonte portées sur des piles en pierre.

Pour terminer, nous devons mentionner les ponts suspendus qui ne sont toutefois employés qu'en Amérique, pour les chemins de fer. De ce nombre, sont les ponts sur la Harpes, au chemin de fer de Baltimore à l'Ohio ; enfin le fameux et magnifique pont du Niagara, qui fut commencé en 1852 et livré au public en 1856. Le pont du Niagara, donne passage, en même temps, à un chemin de fer et à une route ordinaire. Il a une longueur de 246 mètres et passe à 74 mètres au-dessus du Niagara et de ses cataractes. M. Roebling, constructeur de ce pont, en a édifié depuis un autre sur le Kentucky, dont la portée est de 367 mètres.

Il est fort singulier que les ponts suspendus (auxquels nous consacrerons un chapitre, dans une notice spéciale) souffrent beaucoup plus des trépidations causées par les piétons, que par le passage d'un convoi de chemin de fer. Selon M. Rœbling, un train pesant, lancé à la vitesse de 36 kilomètres par heure, occasionne beaucoup moins d'ébranlement, que vingt grosses têtes de bétail passant au trot. Les cortèges publics, marchant au son de la musique, ou des compagnies de soldats, qui s'avancent au pas en cadence, produisent un effet pire encore. Aussi les troupeaux de bestiaux doivent-ils être divisés en groupes de vingt têtes au plus, et l'on n'admet pas au-delà de trois groupes à la fois sur le pont. Quand un régiment en marche se présente pour franchir un pont suspendu, on fait rompre les rangs, et les hommes ne passent que par petits groupes séparés.

Les ponts tournants se rencontrent encore assez fréquemment sur les chemins de fer belges. On en voit quelques-uns en Amérique, en Angleterre et en France, mais ils sont dangereux, et constituent une grave cause d'accidents.

Nous ne terminerons pas ce chapitre relatif aux œuvres d'art sans dire un mot des gares, qui appartiennent à la catégorie des constructions accessoires.

La disposition, aussi bien que l'étendue des gares, exerce une grande influence sur les manoeuvres, et rend, par suite, l'exploitation plus ou moins commode. On s'est aperçu trop tard, sur un grand nombre de nos lignes, que la construction des gares n'avait pas été suffisamment étudiée, parce que les architectes étaient alors étrangers aux besoins de l'exploitation. C'est, du reste, ce qui est arrivé pour bien d'autres édifices consacrés à la science ou à l'industrie, et en présence desquels nos architectes se trouvent dépourvus des lumières spéciales qu'exigeraient ces travaux.

Quant à la partie décorative et architecturale des gares, il est à remarquer que les gares françaises se distinguent par un style heureux et de bon goût. En Allemagne, au contraire, on rencontre un genre bâtard, où les ogives et les tours crénelées du moyen âge jouent le rôle principal, et en Angleterre l'oeil est surpris par de lourdes imitations des portiques et colonnades de la Grèce. On a eu le bon goût en France, d'éviter cet inutile anachronisme de l'art.

CHAPITRE X

DISPOSITION DES VOIES DE FER.

Après avoir décrit, en détail, le tracé de la voie et les travaux préliminaires auxquels donne lieu la construction des chemins de fer, nous allons entrer dans quelques explications au sujet des voies ferrées elles-mêmes, dont l'établissement pratique soulève une foule de problèmes.

On sait que l'effort qu'il faut exercer pour traîner une voiture sur une route quelconque, est d'autant moindre que la surface de cette route est plus dure et plus unie.

C'est pour cette raison que les anciens Romains attachaient une si grande importance à l'établissement de la chaussée de leurs routes. On trouve encore de nos jours, des portions de voies romaines, qui ont résisté aux injures du temps, et qui comptent une durée de dix-sept siècles. Ces routes, éternelles, pour ainsi dire, étaient formées d'amas de cailloux, cimentés avec de la chaux, jusqu'à la profondeur de 4 mètres. Ce mélange se transformait bientôt en une masse dure et aussi résistante que le marbre. Souvent on recouvrait la chaussée ainsi préparée, de grandes dalles de pierre de taille. Ainsi était disposée la via Appiana et la via Flaminia. D'autres fois, des dalles de lave volcanique recouvraient la voie, comme on le reconnaît encore dans plusieurs parties des restes du Forum de Rome.

Fait remarquable ! Les écrivains latins appelaient les routes ainsi préparées : *chemins de fer (viae ferrae)*. Ce n'était là, assurément, qu'une métaphore ; mais la métaphore on en conviendra, est curieuse à signaler.

Les voies ferrées modernes, qui sont des chaussées garnies de bandes de fer parallèles présentent, sur l'ancienne voie romaine, cimentée et dallée, un progrès immense : d'abord, parce qu'elles sont bien moins dispendieuses que les anciennes routes ferrées ; ensuite, et surtout, en raison du rail de fer, leur grande cause d'incontestable supériorité sur toute autre espèce de voie.

Le rail, — que le lecteur se pénètre bien de cette idée, — est l'âme du chemin de fer. En lui résident le principe et la puissance de la locomotion nouvelle, parce qu'il anéantit, pour ainsi dire, le frottement, difficulté fondamentale de tout système de locomotion.

On appelle chemin à simple voie, celui qui n'est garni que d'un couple de rails. On n'adopte les chemins à simple voie que dans les contrées où la circulation est peu active.

Quand on est parvenu, au moyen des terrassements et des travaux d'art, à adoucir convenablement l'inclinaison du terrain, et à faire disparaître les accidents du sol sur toute la ligne que doit suivre le chemin de fer, on ne peut pas encore procéder à la pose des rails. En effet, la terre boueuse des tranchées et des remblais, n'offrant pas une base assez solide, la voie ne tarderait pas à se détériorer sous l'influence des agents atmosphériques et finirait par devenir impraticable. D'un autre côté, la maçonnerie des ponts présenterait une surface trop rigide qui fatiguerait les voyageurs, aussi bien que le matériel roulant. Il faut donc, avant tout, recouvrir la voie nue et les maçonneries, d'une couche de matériaux perméables. On nomme ces matériaux le ballast.

Le sable est le ballast le plus généralement employé. Il ne doit pas être trop fin, pour de pas être enlevé par le vent, mais aussi égal que possible.

Ce matelas de sable amortit les chocs et les trépidations, et contribue ainsi beaucoup à la conservation du matériel et des machines, tout en évitant aux voyageurs des secousses fatigantes et désagréables. Il est destiné, de plus , à mettre la voie, autant que possible, à l'abri de l'eau, dans l'intérêt de la conservation des rails. Les eaux de pluie traversent la couche de sable et s'écoulent le long de la chaussée, qui présente une légère inclinaison de chaque côté, à partir de l'axe du chemin jusqu'aux fossés latéraux.

Comme les longues tranchées sont souvent difficiles à dessécher, on a la précaution d'y établir encore des puits absorbants, creusés de 300 en 300 mètres. On peut voir quelques-uns de ces puits dans la grande tranchée de Clamart, sur le chemin de Paris à Versailles (rive gauche).

Après avoir étendu sur la chaussée, une première couche de sable, ou ballast, de 20 à 30 centimètres d'épaisseur, on y fixe solidement les traverses, ou longuerines, sur lesquelles doivent reposer les rails. On remplit de sable bien pilonné l'intervalle de ces supports, de manière à les enterrer complètement, afin de les préserver de la pourriture et de toute dégradation accidentelles ; et l'on arrive ainsi à une épaisseur totale de 45 à 60 centimètres. Cet ensablement de la voie est une des opérations les plus importantes. La conservation de la route en dépend. Sur les terrains humides, la couche de ballast doit être plus forte. Aussi faut-il encore creuser des rigoles dans le sous-sol.

Quand le chemin de fer traverse un marais, comme il arrive si souvent en Toscane, dans la campagne de Rome, en Hollande, et dans quelques parties du nord de la France, on est obligé d'enfoncer des pilotis dans la couche solide inférieure, de réunir les têtes des pilotis par des longuerines, sur lesquelles reposent les traverses, et sur ces traverses de nouvelles longuerines qui portent les rails.

Ces sortes de fondations sont employées sur tout le trajet de la voie, dans la Caroline du Sud, aux États-Unis, et dans le pays de Galles (Angleterre). Dans le marais, très profond, de Chatmess, sur la route de Liverpool à Manchester, on a été obligé d'établir la chaussée sur un lit de fascines d'une grande largeur. Le poids de la chaussée et des convois étant réparti, de cette manière, sur une surface considérable, le chemin semble flotter sur le marais, comme un radeau sur une rivière.

Les rails de fer reposent sur des pièces de bois, nommées traverses, placées en travers, c'est-à-dire perpendiculairement à l'axe de la route (fig. 172).

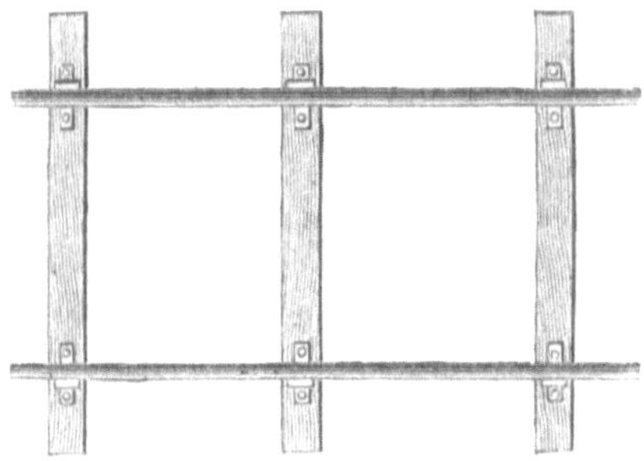

Fig. 172. — Voie sur traverse.

Dans l'origine des chemins de fer, on posait les rails sur des dés de pierre, de forme prismatique, enfoncés dans le sol.

C'est ainsi que fut établi le chemin de fer de Montpellier à Cette. Depuis bien des années, ce système a été réformé, et les dés de pierre ont été remplacés par des traverses de bois. Aussi, dans tous les chemins vicinaux qu'avoisine la voie ferrée de Montpellier à Cette, retrouve-t-on, souvent encore, de ces petits cubes de pierre, percés de trous. Ce sont les anciens dés du chemin de fer, qui ont été jetés et dispersés un peu partout. Il m'est souvent arrivé, dans nos herborisations ou nos excursions de géologie, avec les professeurs et les élèves de la Faculté des sciences de Montpellier, de soumettre ces objets, ramassés sur nos pas, le long de la route, à l'examen des élèves, et de m'amuser de l'embarras de nos géologues en herbe, sur l'origine de ces pierres percées.

Les rails ainsi fixés sur de simples pierres, offraient peu de stabilité, parce que le moindre tassement les brisait. Les traverses, en bois, sont d'ailleurs, bien plus faciles à relever lorsque la voie a fléchi et s'est abaissée.

C'est par ces diverses raisons, que l'on emploie aujourd'hui les traverses en bois, malgré leur cherté extrême.

Cette cherté n'est pas, en effet, un élément à négliger. On a calculé que les traverses sur lesquelles reposent les rails du réseau des chemins de fer français, représentent, à elles seules, un capital de 200 millions de francs, qu'il faut renouveler tous les douze ou quinze ans.

Les bois employés pour la fabrication des traverses, sont : le chêne, le hêtre, le sapin, le pin, le mélèze. Mais pour servir à former des traverses, tous ces bois, sauf le chêne, doivent subir une préparation préalable, destinée à assurer leur conservation et à les faire résister à la pourriture.

On les traite par des injections de sulfate de fer ou de sulfate de cuivre, de créosote ou de substances analogues, qui les préservent de l'altération dans le sol, et augmentent leur durée.

Le chemin de fer de l'isthme de Panama, au Mexique, est posé sur des traverses en bois de gaïac, la seule essence de bois qui ne pourrisse pas rapidement sous l'influence du climat tropical.

Quant à la forme des traverses, on a reconnu que les pièces équarries sont préférables aux pièces rondes ou triangulaires, qu'on avait d'abord essayées.

Le rail, que nous appelions plus haut, l'âme du chemin de fer, est une bande de fer dont la section peut offrir des formes très diverses. C'est Georges Stephenson qui, le premier, remplaça le rail de fonte par le rail en fer forgé.

La forme préférée pour les rails a été, dès l'origine des chemins de fer, celle du rail à champignon.

Fig. 173. — Rail à simple champignon.

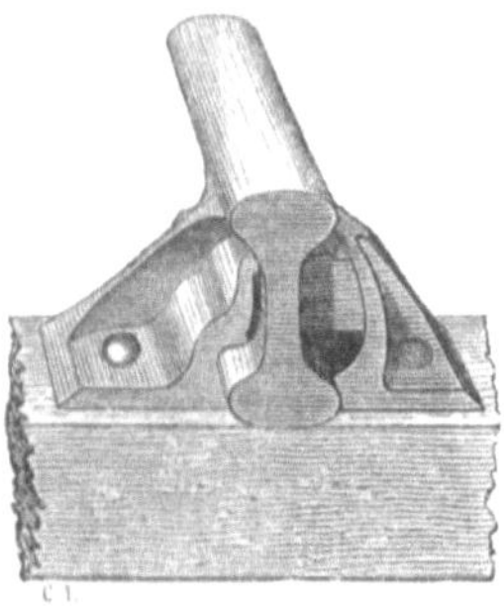

Fig. 174. — Rail à double champignon.

Le *rail à champignon simple* (fig. 173) se termine inférieurement par un bourrelet. On lui préfère aujourd'hui le rail à double champignon (fig. 174) dont la forme parfaitement symétrique, permet de le retourner, quand le côté supérieur est usé. L'un et l'autre champignon sont logés dans un coussinet de fonte, fixé sur la traverse, au moyen de deux chevillettes en fer, et dans lequel ils sont maintenus par un coin en bois dur.

Une autre forme de rail est celle qu'on appelle *rail à patin* (fig. 175). C'est un rail à simple champignon, muni, à sa partie inférieure, d'une semelle, qui se fixe directement sur la traverse, sans coussinet.

Les *rails Vignole* (fig. 176) sont des rails à patins, d'une forme très élancée, qui offrent une grande résistance à l'écrasement.

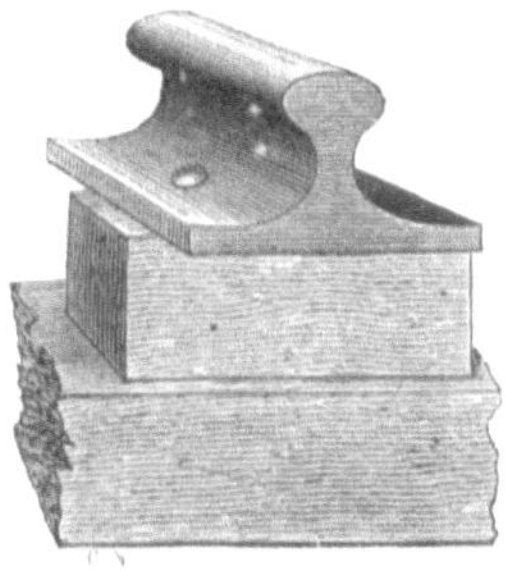

Fig. 175. — Rail à patin.

Fig. 176. — Rail Vignole.

Voici encore deux autres modèles, le *rail Brunel* (fig. 177) et le *rail Barlow* (fig. 178), qui dispensent également de l'emploi des coussinets.

Le *rail Brunel* repose sur des longuerines, ou pièces de bois longitudinales. Il est employé sur le chemin de Londres à Bristol (Great-Western-Railway).

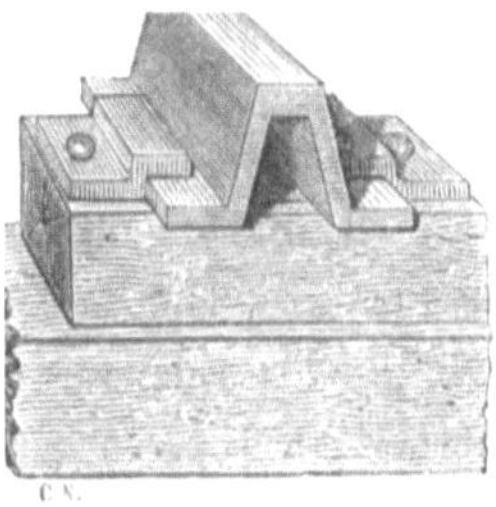

Fig. 177. — Rail Brunel.

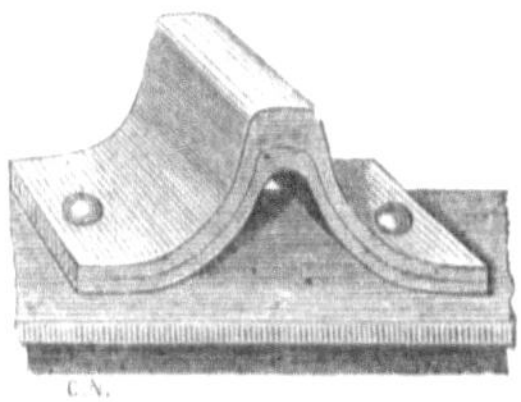

Fig. 178. — Rail Barlow.

Le *rail Barlow* dispense même des traverses en bois. Il repose directement sur le sol. Les joints des rails successifs sont formés par des doublures en fer, rivées sous les rails, et reliées par une barre d'écartement en fer.

La simplicité de ce système lui a conquis beaucoup de partisans, en Angleterre. On l'a essayé en France, sur le chemin de fer du Midi ; mais il est difficile de trouver du métal d'assez bonne qualité, pour le fabriquer, et il est sujet aux déformations. On l'a donc abandonné en France.

Quand les rails ont été fixés sur les traverses, on les pose sur la chaussée, à des distances de 90 centimètres. Il faut sept traverses pour supporter un rail, long de 6 mètres.

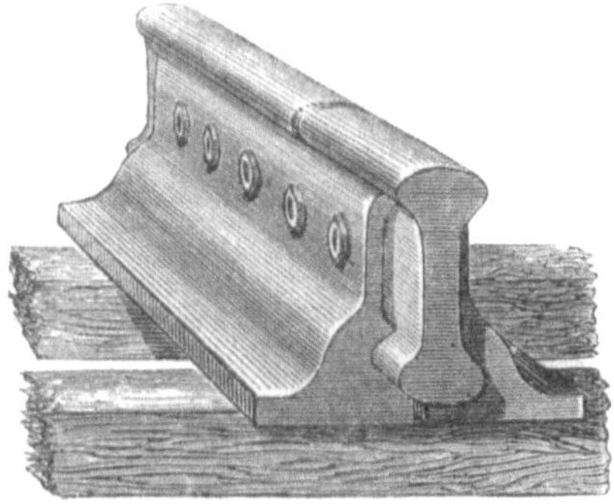

Fig. 179. — Éclisses.

Les bouts des rails sont réunis entre eux, au moyen *d'éclisses* (fig. 179).

Les *éclisses* sont de petites pièces de fonte, fixées latéralement, contre les rails, et maintenues en place par des boulons.

Les rails ne doivent pas se toucher bout à bout. Il faut toujours laisser entre leurs extrémités un vide, à cause de la dilatation

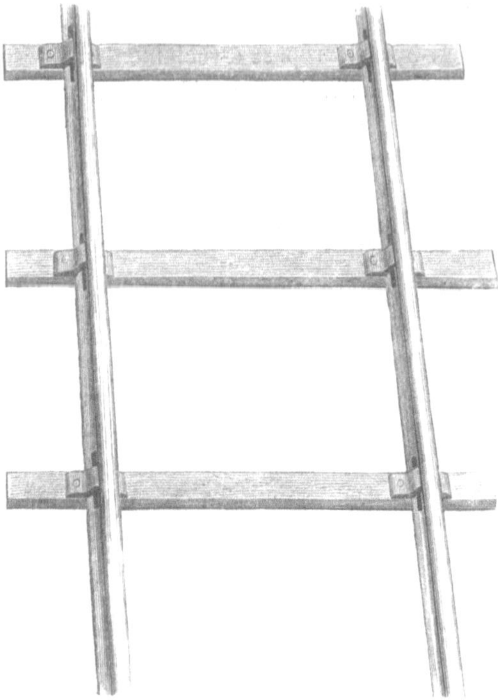

Fig. 180. — Disposition des rails sur les traverses.

ou de la contraction que leur fait éprouver l'alternative de la chaleur et du froid. La distance entre les bouts des rails qui est, en hiver, de 4 millimètres, n'est, en été, que de 2 millimètres. Si on ne laissait pas à la dilatation ce jeu indispensable, les rails se déformeraient, ce qui pourrait amener la destruction de la voie. La figure 180 donne une idée de la disposition ordinaire des rails sur les traverses.

Dans le *système Pouillet*, on emploie des traverses plus minces, qui reposent sur des tablettes en bois, dites tables de pression. Au chemin de fer de ceinture à Paris, la voie a été entièrement posée dans ce système.

Le *système Barberot*, où les rails sont maintenus sur les traverses par deux cales en bois, rend la voie très douce et très stable ; mais ce système n'a pas encore été éprouvé assez longtemps, pour pouvoir être apprécié d'une manière définitive.

Les chemins de fer croisent, à chaque instant, les routes ordinaires. Ils passent au-dessus, au-dessous, et même au niveau de ces routes. Dans ce dernier cas, la partie du chemin de fer qui traverse la route, s'appelle passage à niveau. La figure 181 fait voir comment sont placés, les rails sur un passage à niveau.

Fig. 181. — Passage à niveau et barrière.

Si les voitures ont accès sur le passage à niveau, il est nécessaire de paver ce passage dans toute la largeur de la route. Les rails sont donc enterrés dans le pavé, si bien que les roues des voitures ne font qu'effleurer le champignon. Du

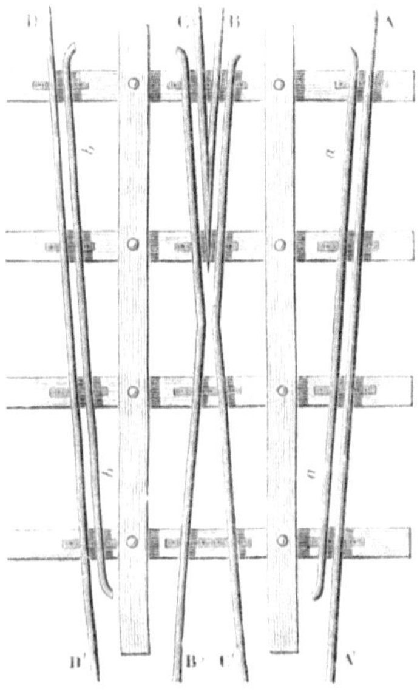

Fig. 182. — Appareil de croisement de voie.

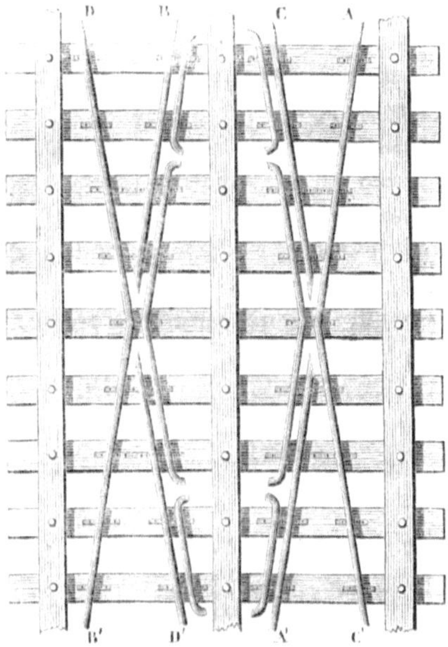

Fig. 183. — Appareil de coupement de voie.

côté de l'axe de la voie, on laisse une rainure dans laquelle se logent les rebords des roues des wagons.

Nous avons à parler maintenant des accessoires de la voie ferrée.

Les accessoires de la voie comprennent les changements, croisements et traversées de voie, — les aiguilles, — les plaques tournantes, — les chariots de service, les grues, — les signaux, etc.

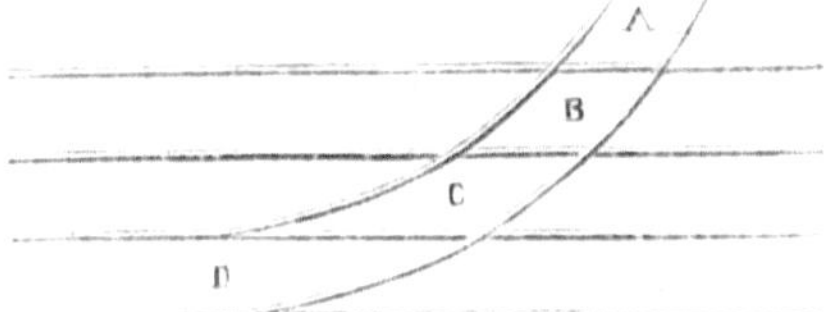

Fig. 184. — Figure géométrique des intersections des voies.

Les *changements de voie* (fig. 184, D), servent à faire passer un convoi tout entier, d'une voie sur une autre, sans interrompre sa marche. Le changement de voie est suivi d'un croisement de voie C, puisque l'une des branches rencontre nécessairement l'autre à une certaine distance du changement. Enfin, la traversée de voie B et A, est l'appareil mécanique qui permet à deux voies de se couper. C'est un croisement double, combiné avec une disposition analogue, dite *coupement de voie.* L'inspection des figures 182 et 183 qui représentent les croisements et *coupement de voies*, fera comprendre le principe de ces dispositions.

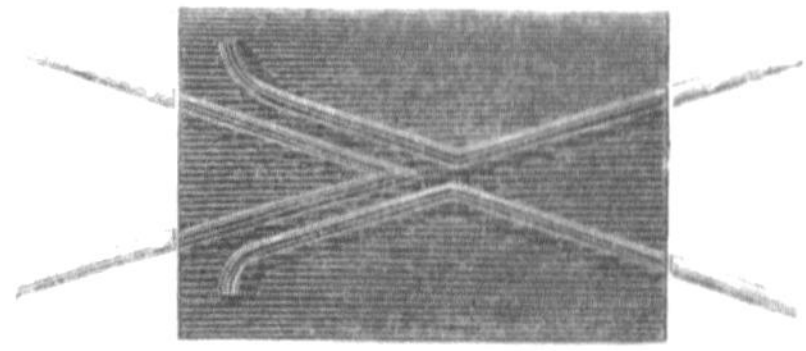

Fig. 185.— Croisement des voies avec plaque de fonte fixe.

Les rails sont interrompus aux points où ils viennent se couper, afin de donner passage aux rebords en saillie des roues, qui, sans cela, seraient forcées de monter sur les rails de la voie qu'elles traversent, ce qui amènerait infailliblement le déraillement du train. Comme garantie supplémentaire, on place encore vis-à-vis des points d'interruption, des portions de rails, appelées contre-rails. Le croisement de voie (fig. 185), consiste alors dans une pointe formée par deux rails soudés ensemble, et qui s'engage entre deux coudes ; la pointe s'appelle cœur, et les coudes *pattes de lièvre.*

La figure 182 donne une idée de l'ensemble des dispositions qu'exige l'installation d'un croisement de voie. On y remarque le coeur BC, les pattes de lièvre, B', C' et des contre-rails *aa, bb* établis à droite et à gauche, vis-à-vis des rails DD', AA' qui, eux, ne sont pas interrompus.

La traversée se compose, comme nous l'avons dit, de deux croisements et d'un recoupement (fig. 183) qui consiste en deux coudes AC' et BD' formés par les rails extérieurs et vis-à-vis desquels sont placés intérieurement deux coudes formés par les contre-rails. Les traverses qui supportent ces appareils, sont reliées ensemble par des pièces de bois longitudinales, de manière à former un châssis très solide.

Les changements de voie exigent des appareils plus complexes. Il ne s'agit plus ici de faire disparaître les obstacles qui pourraient s'opposer à la marche du train et le faire dérailler, mais de le pousser, à volonté, sur l'une ou l'autre branche d'une voie bifurquée.

Ce problème a été résolu de plusieurs manières différentes ; nous nous bornerons à décrire ici l'appareil le plus usité.

Deux bouts de rails (AA', DD', fig. 186) taillés en biseau, — ce qui leur fait donner le nom d'aiguilles, — peuvent se déplacer de manière que l'une des deux aiguilles s'applique contre le rail voisin quand l'autre s'éloigne du rail à côté duquel elle se trouve.

Dans la figure 186, les aiguilles sont disposées pour le service de la voie oblique AA' et BB'. Le train arrive par A, et s'engage sur A'C. Si l'aiguille DD' s'appliquait contre BB', le train resterait sur la voie, rectiligne, CC' et

DD'. Les deux aiguilles sont réunies par des barres transversales E, E' qui les rendent solidaires. Un levier, FGH manoeuvré par un employé spécial, nommé aiguilleur, sert à les amener dans l'une ou l'autre des deux positions qu'elles peuvent prendre.

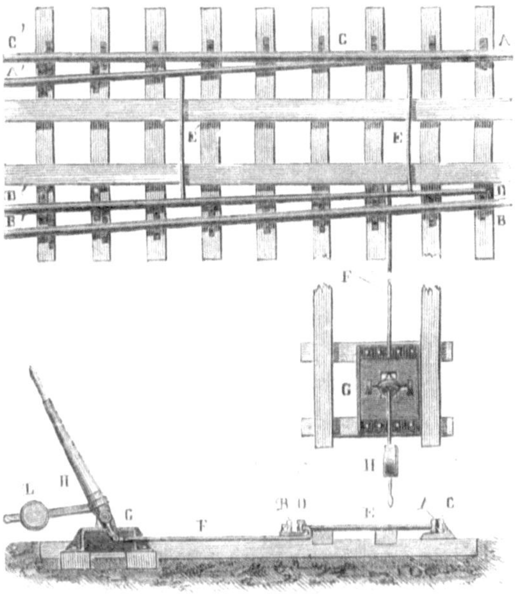

Fig. 186. — Aiguilles.

La figure 186 indique le mouvement de ce levier par rapport à la voie, et pour plus de clarté, nous avons placé, au-dessous du plan de l'appareil, une coupe verticale qui fait mieux comprendre son fonctionnement. Le convoi qui arrive sur la voie principale, s'engage alors sur l'une ou l'autre des deux branches, suivant la position des aiguilles. Il suit la voie de gauche quand l'aiguille de droite est appliquée contre le rail voisin et l'aiguille de gauche séparée de son rail ; le levier occupe alors la position que lui donne le dessin. S'il prend la position inverse, c'est-à-dire qu'il s'incline vers la droite, l'aiguille de gauche est ramenée sous le rail correspondant, celle de droite s'éloigne de l'autre rail, et la voie de droite devient libre, pendant que celle de gauche se ferme. L'aiguilleur n'a qu'a renverser le levier GH au moment voulu pour manœuvrer l'aiguille BDAC au moyen de la tige F : le contre-poids L qu'il porte, le maintient ensuite en position.

Pour un changement de voie double il y a, de chaque côté, deux aiguilles qui peuvent s'appliquer toutes deux contre le rail pour en fermer l'accès, ou s'en éloigner toutes deux pour le laisser libre. Lorsque l'une d'elles s'applique contre le rail pendant que l'autre s'en éloigne, c'est la voie intermédiaire, représentée par la première aiguille, qui devient libre.

Les appareils que nous venons de décrire, servent à faire changer de direction un convoi entier, lorsqu'il est en marche. Mais il arrive constamment qu'on a besoin de transporter d'une voie sur une autre voie parallèle, les locomotives ou les wagons isolés.

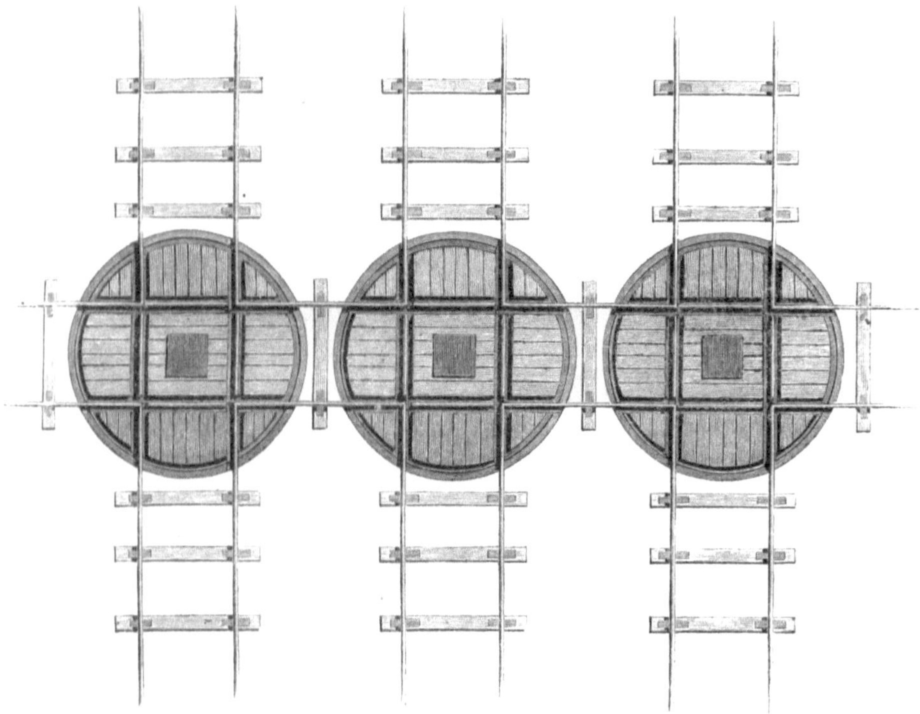

Fig. 187. — Système de plaques tournantes rectangulaires.

On emploie, dans ce but, des appareils qu'on désigne sous le nom de plaques tournantes et de chariots de service.

Les plaques tournantes sont de grands plateaux circulaires, posés au niveau de la voie, au point de croisement de deux ou de plusieurs voies, et mobiles autour d'un pivot central. Elles portent des bouts de rails placés d'une manière symétrique, et qui viennent s'intercaler dans l'une ou l'autre des voies croisées, suivant la position de la plaque.

La figure 187 représente des plaques tournantes rectangulaires, c'est-à-dire garnies de rails formant un rectangle sur le disque de la plaque, et la figure 189 des plaques tournantes hexagonales, sur lesquelles les rails croisés forment un hexagone régulier ; les premières doivent desservir deux voies qui se rencontrent à angles droits, les secondes s'interposent entre trois voies qui se coupent sous des angles de soixante degrés.

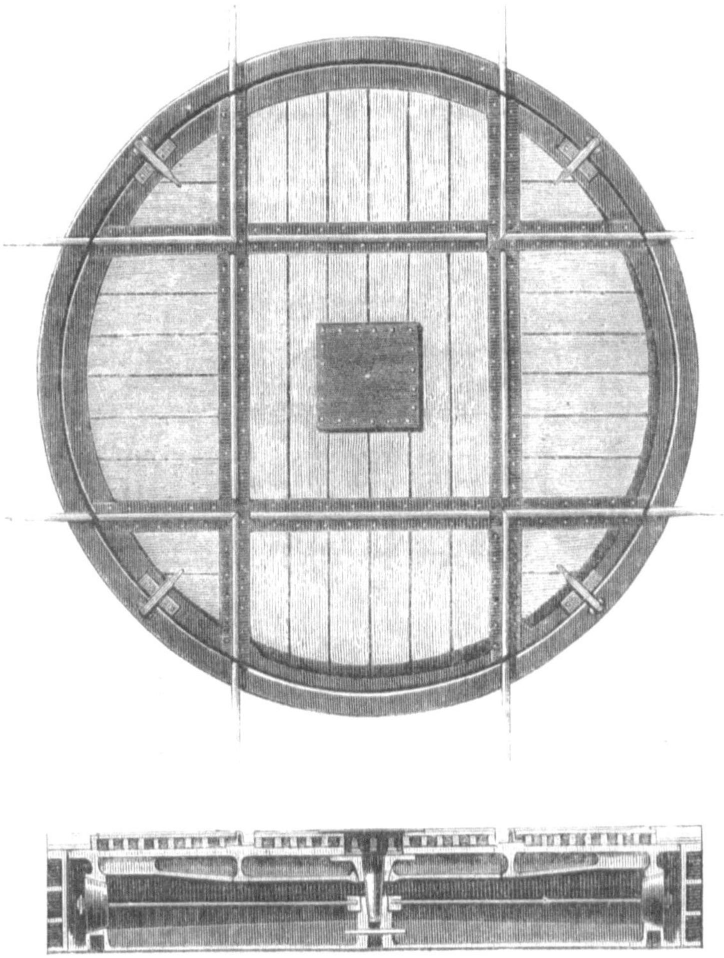

Fig. 188. — Plaque tournante rectangulaire et coupe de cette plaque

Il est facile de comprendre comment ces plateaux peuvent servir à faire passer un véhicule d'une voie sur une autre. La voiture ayant été amenée jusqu'au milieu de la plaque, il suffit qu'on fasse tourner celle-ci d'un certain angle, pour que les rails occupés par la voiture, viennent se placer sur le prolongement de la voie auxiliaire. On n'a plus, dès lors, qu'à pousser la voiture tout droit sur cette voie, et de là, sur une autre plaque tournante insérée dans la voie parallèle.

La coupe de la fosse de la plaque tournante que l'on voit sur la figure 188 fait bien saisir le mécanisme des plaques tournantes. La partie fixe de la plaque repose sur le fond d'une fosse circulaire, garnie à sa circonférence, d'un rail creux, sur lequel roulent des galets légèrement coniques, destinés à soutenir le bord du plateau mobile. Ce dernier repose sur un pivot en fer qui est constamment lubrifié par l'huile d'un godet, placé au centre de la plaque et abrité sous une cloche en fonte. L'appareil ainsi disposé présente une mobilité suffisante pour que trois ou quatre hommes puissent le faire tourner, avec le wagon qu'il supporte, en poussant le wagon par ses angles opposés.

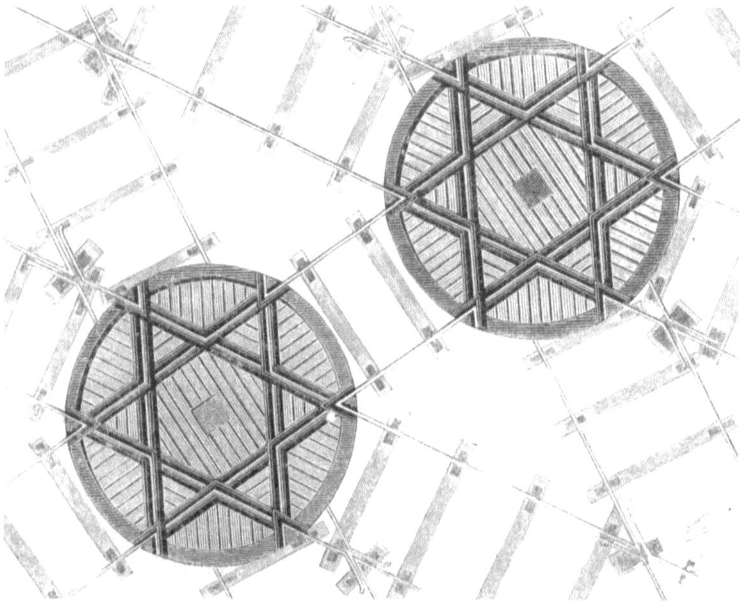

Fig. 189. — Système de plaques tournantes hexagonales pour voies parallèles et traversantes.

Une série de plaques rectangulaires disposée sur des voies parallèles, permet aux véhicules de passer d'une de ces voies sur l'autre, à l'aide de deux manoeuvres successives. C'est ce que fait comprendre suffisamment la figure 187.

Quand les voies parallèles sont trop rapprochées, de sorte qu'il n'y ait pas de place pour deux plaques à côté l'une de l'autre, on emploie les plaques hexagonales, dont la jonction se fait de biais, ce qui les éloigne l'une de l'autre. La figure 189 met en évidence cette dernière disposition. Le diamètre des plaques tournantes varie de 5 à 12 mètres. Leur prix de revient peut aller jusqu'à 30 000 francs.

Ce prix élevé fait souvent préférer aux plaques tournantes les chariots de service (figure 190) qui, portant sur leur plancher une portion de voie, roulent sur un chemin de fer établi dans un véritable fossé, en contre-bas de la voie. Pour transporter un wagon d'une voie DD, sur l'autre EE, il suffit de l'amener sur le chariot A, et de pousser celui-ci jusqu'à ce que les rails de ce chariot se trouvent sur le prolongement exact des rails de la voie parallèle.

Ces appareils ont l'inconvénient d'interrompre les voies. On les remplace avantageusement par des chariots circulant sur un chemin transversal de même niveau, et sur lesquels on hisse les wagons, au moyen d'une espèce de pompe hydraulique. Quand le wagon a été soulevé à une hauteur qui lui permette de passer au-dessus des rails de la voie principale, on pousse le chariot jusqu'à l'amener vis-à-vis de la voie sur laquelle le wagon doit être transporté. On supprime alors le jeu de la pompe hydraulique, et le wagon se trouve déposé sur les rails de la nouvelle voie.

Fig. 100. — Chariot et fossé pour les changements de voie.

Nous nous dispenseront de décrire une foule d'autres appareils qu'on a imaginés dans un but analogue.

Nous terminerons ce chapitre en parlant des signaux employés sur les chemins de fer, pour avertir le mécanicien de l'état de la voie et de la nature des obstacles qui peuvent l'obstruer.

Les signaux les plus simples sont les signaux que les surveillants de la voie font à la main. Un petit drapeau, vert ou rouge, tantôt déployé, tantôt roulé, suffit pour les donner.

Le drapeau roulé (fig. 191) signifie que la voie est libre. Un drapeau vert déployé, indique la nécessité de ralentir la marche du train. Un drapeau rouge déployé, commande l'arrêt immédiat.

Ce sont là les signaux de jour. Les signaux de nuit se font avec une lanterne, dont la lumière est tour à tour, blanche, verte ou rouge.

Fig. 191. — Cantonnier faisant le signal de la voie libre.

Si, dans un cas imprévu, les garde-voies n'avaient pas leur drapeau ou leur lanterne sous la main, ils commanderaient l'arrêt, au convoi en élevant, pendant le jour, les bras au-dessus de la tête, et pendant la nuit, en agitant vivement, une lanterne quelconque.

Il y a ensuite les signaux fixes. Ces signaux se composent ordinairement, d'un mât, surmonté d'un disque, peint en rouge, qui peut tourner autour d'un axe vertical, de manière à présenter aux trains, sa face rouge lorsqu'ils doivent s'arrêter, ou son champ lorsque la voie est libre. De nuit, le disque est remplacé par une lanterne à feu rouge ou blanc.

Le signal se compose aussi quelquefois d'un système d'ailettes, tantôt croisées, tantôt superposées.

Le mouvement de rotation de ces signaux fixes, s'obtient par une chaîne, qui court à peu de distance du sol. Cette chaîne s'enroule sur une poulie, et va aboutir à un levier, que l'employé de la voie manoeuvre pour mettre les signaux en action.

Autrefois, la lanterne était fixée au disque, et elle présentait aux trains un feu blanc, ou un feu rouge, suivant la position du disque. Mais il arrivait que le mouvement de rotation imprimé au disque projetait l'huile, et que la lanterne s'éteignait. On a remédié à cet inconvénient en plaçant la lanterne sur un support indépendant et immobile.

La lanterne porte deux feux blancs parallèles à la voie. Le disque est percé d'un trou garni d'un verre rouge et muni d'un appendice à verre bleu. Lorsqu'il est parallèle à la voie, on aperçoit du côté des trains, un

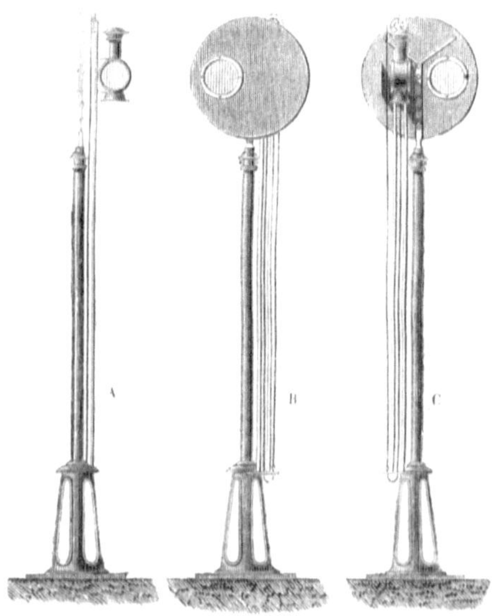

Fig. 192. — Disque signal.

feu blanc, et du côté de la gare, un feu bleu ; lorsqu'il est perpendiculaire, le verre rouge couvre le feu tourné du côté des trains et le verre bleu a disparu, découvrant ainsi le feu blanc tourné du côté de la gare.

La figure 192 fait voir les disques-signaux dont nous venons de signaler l'usage et le mode d'emploi. A est le disque montrant sur la voie sa tranche ; B, le disque laissant voir la lumière rouge, signe d'embarras sur la voie. C est la lanterne, avec son support.

Ces disques-signaux se placent à l'entrée des stations, à 800 mètres en avant de la gare, ainsi qu'aux points de bifurcation, à l'approche des souterrains ou même des passages à niveau très fréquentés, en un mot, sur tous les points dangereux.

CHAPITRE XI

LES ACCIDENTS SUR LES CHEMINS DE FER. - LEURS CAUSES PRINCIPALES. - RARETÉ DES ACCIDENTS. - LA SONNETTE D'ALARME. - RÉSULTAT DE LA STATISTIQUE DES ACCIDENTS ARRIVÉS SUR LES CHEMINS DE FER.

Les adversaires des chemins de fer leur adressent le reproche d'exposer les voyageurs à des dangers certains. A l'appui de cette opinion, on ne manque jamais de citer le terrible événement du chemin de fer de Versailles (rive gauche), et celui de Fampoux, sur le chemin de fer du Nord. Ces craintes sont partagées par un grand nombre de personnes qui, par une connaissance imparfaite de la question, s'effrayent des dangers qu'elles courent en prenant place dans un wagon, sans réfléchir aux dangers, beaucoup plus sérieux, auxquels elles s'exposent, en montant dans une voiture ordinaire. Il est donc nécessaire d'examiner cette question avec quelque soin, c'est-à-dire de rechercher si les chemins de fer exposent les voyageurs à plus de dangers que les autres moyens de locomotion.

En écartant les accidents dus à la malveillance, on peut classer en quatre catégories, les accidents qui peuvent arriver pendant l'exploitation d'un chemin de fer :

- Ceux qui sont le fait de la locomotive ;
- Ceux qui proviennent de l'inobservation des règlements pour la marche des trains ;
- Ceux qui résultent du mauvais état de la voie et du matériel roulant ;
- Enfin, les accidents dus à l'imprudence des voyageurs et des employés.

Les sinistres qui proviennent de la locomotive, sont extrêmement rares, et ne peuvent jamais compromettre la sécurité des voyageurs, car l'expérience a prouvé que les explosions de chaudière n'ont lieu que quand la locomotive est au repos. Les explosions de chaudière sont d'ailleurs extrêmement rares, et les conséquences de ces accidents sans aucune gravité, par suite de la forme de la chaudière dans les locomotives.

La chaudière à vapeur d'une locomotive est formée, comme on l'a vu plus haut, d'un nombre considérable de tubes de cuivre, d'un petit diamètre. L'air chaud qui arrive du foyer, traverse ces petits tubes, et se dégage par la cheminée, en échauffant rapidement l'eau qui remplit les intervalles des tubes. Les parois de ces tuyaux métalliques ont une très grande épaisseur, et par suite, une très grande solidité, qui en rend la rupture presque impossible. Il peut arriver que la tension trop considérable de la vapeur, en fasse éclater un ou deux ; mais il n'y a pas pour cela explosion de la chaudière. L'eau, se répandant sur le combustible, éteint le feu, et le dommage ne va pas plus loin.

La manière dont le tirage est provoqué dans la cheminée des locomotives, contribue encore à prévenir les explosions pendant la marche. Nos lecteurs savent maintenant que le tirage s'obtient par la vapeur même qui, sortant des cylindres, est projetée dans la cheminée. La brusque condensation de la vapeur dans cet espace, détermine un appel vigoureux de l'air du foyer et par conséquent, un tirage énergique. Le tirage étant ainsi d'autant plus actif qu'il y a plus de vapeur consommée, l'explosion de la chaudière est peu à redouter, puisque la production et la consommation de la vapeur sont toujours proportionnelles entre elles.

Les accidents qui tiennent à la violation, faite par les employés, des règlements qui fixent la marche des trains, sont les plus graves, puisque des collisions entre deux convois peuvent en être la conséquence.

Les collisions peuvent avoir lieu entre deux trains marchant en sens contraire, ou bien entre deux trains dirigés dans le même sens, l'un des trains courant plus vite que l'autre. Il peut enfin, arriver une collision entre un train et des objets immobiles placés sur la voie, tels que des obstacles disposés sur les rails dans un but criminel, une voiture arrêtée sur un passage à niveau, ou des wagons stationnant sur la voie, au moment où un train arrive à toute vapeur.

Les collisions entre deux trains marchant en sens contraire, sont les plus terribles. Une bonne organisation du service, une surveillance assidue, un système certain de signaux, et surtout l'usage constant du télégraphe électrique, sont les seuls moyens de prévenir ces rencontres fatales, qui ont pour conséquence les plus graves malheurs.

Les collisions entre deux trains marchant dans la même direction, sont moins dangereuses que celles entre deux trains qui courent l'un sur l'autre, en sens contraire : le choc est beaucoup moins redoutable. Les seuls moyens de les éviter ne consistent encore, que dans une bonne organisation du service, et l'usage continuel du télégraphe électrique. Après ceux qui résultent des collisions, les accidents provenant des déraillements, sont les plus sérieux. Ils sont occasionnés par la construction défectueuse de la voie, ou le mauvais état du matériel. Ici encore, le soin minutieux apporté par les directeurs de l'exploitation, pour maintenir le matériel et la voie en état parfait, sont les seuls moyens de prévenir les accidents.

Nous dirons seulement quelques mots des accidents inévitables qui peuvent résulter de l'imprudence des voyageurs ou des employés.

A l'époque où les transports par les chemins de fer n'étaient pas entrés dans les habitudes des populations, il se produisait fréquemment des accidents, qui tenaient à l'inexpérience des voyageurs ou des personnes étrangères au chemin de fer. On ne saurait, sans injustice, en faire un reproche à ce système de transport. Quelles mesures préventives pourrait-on, en effet, imaginer, pour les appliquer aux individus qui traversent la voie dans un moment inopportun, — qui s'engagent imprudemment sous un tunnel, — qui s'endorment sur les rails, — qui, sautant d'une voiture à l'autre, sont écrasés par le train, — ou qui, enfin, laissent tomber de lourds objets sur la voie, comme il arriva sur un chemin de fer anglais, près de Hall, où un gros outil de fer, échappé d'un wagon, tomba sur les rails, et occasionna à tout le convoi un déraillement qui coûta la vie à cinq personnes ? Comment s'opposer à l'imprudence des individus qui se lèvent, sur l'impériale, juste au moment de l'entrée sous une voûte ; — qui mettent la tête à la portière, en passant sous un pont ; — qui étendent les bras hors de la voiture eu entrant dans les gares ? Comment garantir les ouvriers qui se blessent dans l'arrangement des trains, — ceux qui tombent dans les fossés, ou qui sont frappés par le tampon d'une voiture ?

L'imprudence ou la simple négligence des employés, peut devenir la cause d'accidents fort graves. Le moindre oubli, la moindre distraction de leur part, ont eu quelquefois des conséquences désastreuses. Les employés peuvent laisser des wagons stationner irrégulièrement sur la voie, ou bien y abandonner des outils, ou bien enfin, par une fausse manoeuvre d'aiguille, changer les rails, en temps inopportun, à l'approche d'un train. C'est à une fausse manoeuvre des aiguilles, qu'il faut attribuer une bonne partie des accidents qui sont arrivés sur les chemins de fer français.

Une surveillance active, exercée sur les employés de ce service, doit prévenir ce genre d'accidents. Mais, dans d'autres circonstances, la cause de l'événement tient à une négligence que rien ne pouvait permettre de prévoir. En 1838, un convoi spécial qui avait conduit le roi des Belges à Ostende, revenait de nuit. Sur la Sneppe se trouve un pont-levis. Or ce pont était resté ouvert. Le train spécial affecté au voyage du roi, n'ayant pas été signalé sur cette partie de la

Fig. 193. — Cantonnier faisant le signal d'alarme, et courant au devant d'un train, pour prévenir un accident.

ligne, il en résulta que la locomotive, arrivée à la tête du pont, fut précipitée dans la rivière. Heureusement, elle fut retenue par le poids des voitures qui suivaient. Elle en brisa deux par son recul. Deux personnes furent tuées, et une autre grièvement blessée.

En 1847, sur le chemin du Great-Western, en Angleterre, un convoi de quarante wagons fut poussé sur une rampe, et abandonné à son impulsion. La chaîne de liaison de l'un des wagons s'étant détachée, vint à tomber sur une aiguille, qui se mit à manœuvrer, c'est-à-dire à faire mouvoir le rail mobile, ce qui amena le déraillement d'une partie du convoi. Les wagons furent lancés vers un mur, contre lequel ils furent tous écrasés, comme chair à pâté, avec tout ce qui s'y trouvait. Hâtons-nous d'ajouter que les wagons renfermaient uniquement des bestiaux, dont le trépas ne fut qu'anticipé.

Disons, en passant, qu'il faut porter une attention sévère sur la garde des bestiaux qui errent dans les environs des chemins de fer, ou qui sont placés dans les wagons.

Sur le chemin de Hambourg, un cheval, mal attaché dans le wagon, tomba sur la voie, et fit dérailler le train.

Pour prévenir ou atténuer les accidents qui peuvent survenir au milieu du trajet, on a regretté pendant de longues années que les voyageurs fussent privés du moyen de donner eux-mêmes le signal d'arrêt, ou tout au moins de communiquer promptement avec le conducteur du train, pour l'informer de l'accident ou de l'obstacle survenu pendant la marche. Les compagnies s'étaient refusées, jusqu'à ces derniers temps, à accorder aux voyageurs ce bien simple avantage qui, souvent, aurait suffi pour empêcher un accident.

Il a fallu toute une série d'événements fâcheux signalés par la presse, et surtout deux meurtres épouvantables commis en chemin de fer, l'un en France, l'autre en Angleterre, pour amener les compagnies à placer dans les voitures, une sonnette d'appel, véritable télégraphe électrique, qui permet aux voyageurs de prévenir le chef de train, et de lui apprendre que sa présence est réclamée dans un wagon désigné.

On sait que le juge Poinsot fut assassiné, en 1861, dans une voiture du chemin de fer de Paris à Mulhouse et que ce crime est resté impuni.

Tout le monde connaît aussi le meurtre de M. Bright, assassiné dans une voiture du chemin de fer de ceinture, aux portes de Londres, par un homme qui s'échappa, après le crime commis, en sautant sur la voie.

Ces deux événements prouvent que les compagnies de chemin de fer avaient tort de refuser aux voyageurs le moyen de communiquer, pendant la marche, soit entre eux, soit avec le conducteur.

Le moyen d'établir cette communication était, d'ailleurs, fort simple. Il suffisait de mettre, dans chaque voiture, une sonnette électrique à la disposition des voyageurs.

Cette idée était si naturelle, qu'elle était venue à tous les hommes de l'art. Un de mes amis, qui en avait jugé autrement, et qui avait pris cette idée pour un trait de génie personnel, fut victime de son erreur. Je m'explique.

Au moment où l'assassinat de M. Poinsot occupait et inquiétait tous les esprits en France, et où la question de mettre les voyageurs à l'abri d'un tel danger, en leur donnant le moyen de correspondre avec le chef de train, était partout à l'ordre du jour, je vis arriver chez moi un de mes amis, André de Goy.

André de Goy s'occupait de littérature, de traductions, de romans et de théâtre.

« J'ai une idée superbe, me dit-il, en entrant d'un air radieux, une idée qui va faire ma fortune !

— C'est sans doute, répondis-je, une idée de comédie ou de drame. »

André de Goy haussa les épaules.

« De roman, alors.

— Ni l'un ni l'autre, mon cher. Une idée de physique ! »

Je regardai avec étonnement mon visiteur. Je connaissais de lui de charmants vaudevilles, entre autres, *Monsieur va au cercle* ; des livres amusants comme les *Aventures sur terre et sur mer*, et d'excellentes traductions de romans anglais ; mais j'ignorais qu'il cultivât la physique, et marchât sur les traces des Gay-Lussac et des Regnault.

André de Goy m'expliqua alors son idée. Il avait imaginé d'appliquer les sonnettes électriques aux voitures de chemin de fer ; c'est-à-dire qu'il lui était venu à l'esprit un projet que les hommes de l'art avaient déjà conçu, mais qu'il était plus facile de concevoir que de faire adopter par les compagnies.

Seulement, comme mon ami de Goy était plus familier avec les choses de la littérature qu'avec celles de la science ; comme il était parfaitement au fait des habitudes du théâtre du Vaudeville ou du Palais-Royal, mais fort étranger, en revanche, aux usages de l'Académie des sciences et de l'administration des chemins de fer, il avait commis une imprudence énorme.

Il avait fait breveter son idée. Il s'était fait délivrer un brevet d'invention pour l'emploi des sonneries électriques dans les voitures de chemins de fer. Or, cette application pure et simple d'une donnée scientifique, tombée dans le domaine public, ne pouvait que difficilement être mise sous la sauvegarde d'un brevet d'invention. Aussi le brevet du pauvre de Goy n'était-il guère plus sérieux que le billet de Ninon de Lenclos à La Châtre.

Malheureusement, ce billet de La Châtre, ce brevet d'invention, avait coûté fort cher à mon ami !

Personne n'ignore que, dans notre bon pays de France, tout inventeur, comme l'a dit le spirituel Jobard, est mis à l'amende de 100 francs par an. En d'autres termes, tout le monde sait qu'un brevet d'invention se délivre, chez nous, moyennant une redevance annuelle de 100 francs, payée à l'État par l'inventeur. A la rigueur, on peut supporter cette amende annuelle de cent francs, bien qu'en général, un inventeur n'invente que parce qu'il n'a pas cent francs dans sa poche. Mais la chose devient plus grave lorsqu'on veut prendre un brevet, non en France seulement, mais dans tous les pays étrangers, en Angleterre, en Allemagne, en Italie, aux États-Unis, etc. L'amende s'élève alors à un taux exorbitant : il faut verser aux chancelleries de ces divers pays, près de 14,000 francs.

C'était là l'imprudence que mon ami avait commise, dans son ignorance des choses de la science et de l'industrie. Non seulement il avait pris un brevet en France, mais il avait commencé à en prendre à l'étranger, en échange d'espèces sonnantes.

Voilà « l'idée superbe » qui devait faire la fortune d'André de Goy !

J'essayai de l'arrêter sur cette pente dangereuse. Je m'efforçai de lui faire comprendre que les compagnies de chemins de fer, ni en France, ni au dehors, ne consentiraient jamais à acheter son brevet. Plein de confiance, il me quitta, pour courir au ministère des travaux publics et dans tous les bureaux de chemins de fer.

Le Ministre des travaux publics et les administrateurs des chemins de fer ne durent pas faire un brillant accueil au littérateur dépaysé.

Je ne revis André de Goy que trois ans après.

Je le rencontrai par hasard, dans l'avenue des Champs-Elysés, au coin de la rue de Chaillot. Il avait horriblement vieilli. Les lignes de son visage étaient tirées, et ses mains agitées d'un tremblement continuel. En proie à une maladie nerveuse, il était entré dans une maison de santé de Chaillot.

Quand, après lui avoir demandé des nouvelles de sa santé, je lui demandai des nouvelles de son affaire des sonneries électriques, il me serra la main avec force, et me quitta sans rien dire.

Six mois après, je recevais une lettre de faire part, m'annonçant la mort de mon ami. André de Goy, le littérateur charmant, l'érudit aimable et de bon goût, était mort d'une idée de physique avortée.

Cette idée, comme nous l'avons déjà dit, était des plus simples ; elle se présentait pour ainsi dire d'elle-même à l'esprit. La seule difficulté était de la faire adopter par les compagnies de chemins de fer.

Les compagnies objectaient qu'en mettant sous la main du public, le moyen de faire arrêter le train à la volonté des voyageurs, ceux-ci abuseraient fréquemment d'une telle facilité ; qu'ils donneraient le signal d'arrêt pour mille causes futiles, pour des craintes chimériques ou de simples caprices. Ces arrêts multipliés, et sans motifs, en apportant un trouble imprévu à la marche des trains, constitueraient, disaient les compagnies, un danger plus réel que celui que l'on voulait éviter.

On a heureusement trouvé le moyen de concilier les deux difficultés.

On a placé, dans chaque voiture, une sonnette aboutissant, grâce à un fil électrique, à la cabine où se tient le conducteur du train. Quand le voyageur tire l'anneau, la sonnette retentit dans la cabine. En même temps, une palette, peinte en blanc, se dresse sur le côté de la voiture dans laquelle l'appel a eu lieu, et signale très distinctement cette voiture au conducteur.

Le bouton de la sonnette est placé dans une ouverture pratiquée dans la cloison qui sépare deux compartiments, comme on le voit dans la figure 194 qui représente la sonnette d'alarme et la position des palettes, après que le voyageur a sonné.

Établi en 1866 dans les voitures du chemin de fer du Nord, et du chemin de Cette à Bordeaux, ce système d'appel ne tardera pas, sans doute, à être adopté sur nos autres lignes.

Nous disions plus haut, que les accidents sur les chemins de fer sont, relativement, infiniment rares, et que si l'on compare les dangers auxquels on se trouve exposé sur un chemin de fer, avec ceux que présentent tous les autres moyens de communication, tels que voitures, diligences, bateaux à vapeur, etc., la sécurité se trouve dans l'emploi de la voie ferrée, et le danger dans les autres systèmes. La statistique qui a été dressée avec grand soin, en Angleterre, en Allemagne et en France, des accidents survenus sur les voies ferrées, donne à cette assertion un appui irrécusable.

Le magnifique travail qui fut exécuté par la commission d'enquête, instituée par ordre du ministre des travaux publics, et publié en 1858, sous la direction de M. Prosper Tourneux, a fourni des résultats positifs, qu'il nous suffira de rapporter, pour trancher cette question.

Les comptes généraux de l'administration de la justice en France, en donnant le nombre des individus tués ou écrasés par des voitures, charrettes et chevaux, de l'année 1840 à l'année 1853, portaient ce chiffre à 10 324 personnes en quatorze ans, c'est-à-dire, en prenant 35 millions d'habitants pour la France, 1 individu tué sur 47 489 voyageurs.

On possède aussi le relevé des accidents arrivés pendant dix ans, aux voitures des *Messageries impériales* et des *Messageries générales* de France.

Depuis l'année 1846 jusqu'à l'année 1855, avec 3,679,866 places occupées, on a compté 11 personnes tuées et 124 blessées, dans les *Messageries impériales*. Dans les *Messageries générales*, avec 3 429 410 places occupées, on a compté 9 personnes tuées et 114 blessées. Si l'on eût pu se procurer des relevés semblables pour les diligences de second et de troisième ordre, qui dans le service des petites localités sont de beaucoup les plus nombreuses, nul doute qu'on n'eût constaté un nombre d'accidents bien supérieur.

Mais pour nous en tenir aux accidents constatés dans le service des diligences les mieux servies de France, les Messageries impériales et générales, disons que la moyenne résultant des chiffres précédents, donne :

- Pour les *Messageries impériales* : 1 mort sur 324 533 voyageurs, 1 blessé sur 29 676 voyageurs.
- *Pour les Messageries générales* : 1 mort sur 381 045 voyageurs, 1 blessé sur 30 082 voyageurs.

En réunissant la circulation des deux entreprises, on a un chiffre de 20 morts et de 238 blessés sur 7 109 276 voyageurs, c'est-à-dire :

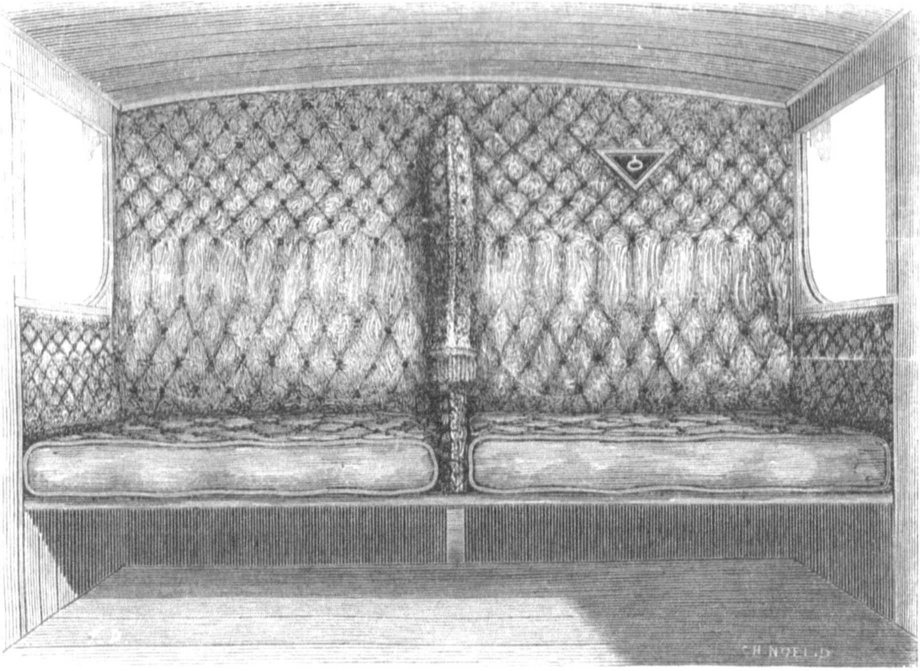

Fig. 194. — Sonnette d'alarme des voitures du chemin de fer du Nord.

1 mort sur 355 453 voyageurs.
1 blessé sur 29 871 —

Voyons maintenant le nombre des accidents constatés sur les chemins de fer.

De l'année 1835 à l'année 1856, sur 224 345 769 voyageurs transportés, on a constaté que, par le fait de l'exploitation, il avait péri 111 voyageurs, et que 402 avaient été blessés. (On comprend dans ce chiffre les accidents de Fampoux et de la rive gauche de Versailles.) Ce qui conduit à ce résultat pour les voyageurs en chemin de fer :

1 mort sur 2 021 133 voyageurs.
1 blessé sur 558 071 —

Nous avons dit que, pour les voyages en diligence, le rapport était de :

1 blessé sur 29 871 voyageurs.
1 mort sur 335 453

D'oit il résulte que l'on a 18 fois plus de chances d'être blessé et 5 fois plus de chances d'être tué en se confiant à la meilleure des diligences françaises, que si l'on monte dans l'un quelconque de nos chemins de fer. Il est donc de toute évidence que, dans nos moyens de transport actuels, les dangers sont dans l'usage de voitures traînées par des chevaux, et que la véritable sécurité nous est garantie par les voies ferrées.

Une remarque importante à faire sur les résultats statistiques qui viennent d'être rapportés, et qui établissent qu'il n'y a en France qu'un voyageur de blessé sur plus de 2 millions de personnes transportées, c'est que cette statistique comprend les accidents de Versailles et de Fampoux. Ce sont ces deux accidents qui élèvent de beaucoup le chiffre de la mortalité. En effet, 64 voyageurs ont été tués dans ces deux accidents, ce qui charge considérablement le chiffre de cette mortalité. Si cette statistique partait d'une époque postérieure à ces deux funestes événements, ce rapport serait réduit de plus de moitié, et l'on trouverait à peine 1 voyageur mort sur 6 millions de voyageurs.

Les résultats constatés à l'étranger, dépassent même ce dernier chiffre. On a trouvé en Belgique, que, dans un espace de quatorze ans, il n'y a eu qu'un voyageur tué sur 8 861 804 voyageurs transportés, et un seul blessé sur près de 2 millions de voyageurs !

En Prusse, les résultats sont plus rassurants encore. Là on n'a compté, par un relevé embrassant quatre années d'exploitation, que 1 voyageur tué sur 21 millions de voyageurs et 1 blessé sur plus de 3 millions de voyageurs.

Dans la Grande-Bretagne, d'après des relevés qui remontent à 1840, on a reconnu 1 voyageur tué sur 5 256 290 voyageurs et 1 blessé sur 330 945 voyageurs.

Si, en France, les résultats paraissent moins satisfaisants qu'à l'étranger, cela tient à ce que la période considérée embrasse, comme nous l'avons dit, deux accidents qui ont entraîné un nombre considérable de victimes. Mais quand on fait abstraction de ces deux événements, on constatera pour la France un nombre d'accidents tout aussi insignifiant que ceux de l'étranger.

Le bureau de statistique des chemins de fer, au Ministère des travaux publics, a publié le relevé des accidents des chemins de fer arrivés pendant les douze mois de l'année 1865. Sur 71 millions de voyageurs qui ont circulé pendant cet intervalle, sur nos chemins de fer, on a compté seulement 5 voyageurs tués, en d'autres termes, 1 voyageur tué sur environ 15 millions de voyageurs. Les mêmes relevés ont fait reconnaître que sur 9 millions de voyageurs, un seul a été blessé.

Il faut ajouter que, par les précautions minutieuses qui sont prises, et par suite des améliorations qui sont apportées à la surveillance de la voie, ces accidents finiront par devenir presque entièrement nuls.

Nous ajouterons un dernier trait à ce tableau rassurant. Des renseignements qui ont été communiqués à M. Perdonnet, et qui sont rapportés dans son *Traité des chemins de fer*, il résulte que chaque jour, 5 personnes périssent dans les rues de Paris, par suite d'accidents de voiture. C'est juste le chiffre de morts par accidents survenues dans un intervalle de 10 ans, sur le chemin de fer de l'Est.

Ce dernier chiffre est, il nous semble, d'une éloquence sans égale.

L'insignifiance des accidents qui peuvent arriver sur les chemins de fer, le peu de dangers qu'il faut redouter de leur usage, sont démontrés jusqu'à l'évidence par les résultats que nous venons d'invoquer. D'où vient donc que le préjugé contraire règne dans toute sa force, et que l'on ait tout l'air d'avancer un paradoxe, quand on affirme que les chances d'accidents sont infiniment plus nombreuses en voiture ou en diligence que sur un chemin de fer ? C'est que la presse périodique, sans mauvaise intention d'ailleurs, tend constamment à entretenir ces préventions fâcheuses. Qu'un bateau à vapeur vole en éclats, — qu'une diligence vienne à verser dans un ravin, tuant ou blessant une partie de sa cargaison ; — que les voitures demeurent des jours entiers enfouies sous les neiges, ou arrêtées sur des routes impraticables,—que des charrettes, conduites sans précaution, écrasent les passants ; — on trouve cela tout naturel, on n'y fait aucune attention, parce qu'on en a l'habitude, et c'est à peine si le journal de la localité inscrit le fait dans ses obscures colonnes. Mais qu'un convoi vienne à dérailler sur le chemin de fer de Lyon, et à faire une véritable hécatombe nocturne, une capilotade de bœufs, tous les journaux s'empresseront de composer de cet événement, un récit dramatique, qui fera rapidement le tour du monde, grâce aux cent bouches de la presse de tous les pays.

Malgré les défectuosités qui sont inhérentes à toute œuvre humaine, le chemin de fer est évidemment le plus sûr de tous nos moyens de transport. Il est, dans tous les pays, l'objet de l'étude d'ingénieurs éminents, qui s'appliquent sans cesse à l'améliorer. Chacun de nous est donc intéressé à voir disparaître les derniers préjugés que la routine ou l'ignorance opposent à ses progrès.

CHAPITRE XII

INCONVÉNIENTS DES CHEMINS DE FER. - SYSTÈMES NOUVEAUX PROPOSÉS POUR REMPLACER LES CHEMINS DE FER ACTUELS. - LE SYSTÈME JOUFFROY. - LE SYSTÈME DU RAIL CENTRAL. -- CHEMIN D'ESSAI DU RAIL CENTRAL ÉTABLI SUR LES PENTES DU MONT CENIS. - LE MATÉRIEL ARTICULÉ DE M. ARNOUX. - LE SYSTÈME DE L'AIR COMPRIMÉ, DE M. PECQUEUR. - LE SYSTÈME ÉOLIQUE DE M. ANDRAUD. - LE SYSTÈME HYDRAULIQUE DE M. GIRARD.

Si l'on considère que nos chemins de fer n'existent encore que depuis un assez petit nombre d'années, il est permis de dire que cette invention n'en est encore qu'à ses débuts, et que l'avenir lui réserve peut-être des transformations importantes. Les tentatives que l'on fait pour améliorer ce mode de transport méritent donc de fixer notre attention.

Essayons de faire ressortir les inconvénients qui s'attachent encore, malgré tous leurs mérites, aux chemins de fer actuels.

Deux éléments sont à considérer ici : les rails et la locomotive, la voie ferrée et l'instrument de traction. De ces deux éléments l'un, le rail, paraît avoir atteint son terme de perfection, l'autre, la locomotive, est susceptible de modifications importantes. L'emploi de bandes métalliques destinées à annuler les effets du frottement des roues, représente à nos yeux, le côté parfait de ce mode de locomotion. Ces humbles barres de fer couchées sur la poudre des chemins, constituent le plus avantageux et le plus utile des éléments de ce système. Quant à la machine destinée à traîner les convois sur ces voies artificielles, elle est susceptible de plusieurs reproches.

On peut classer sous deux titres, les inconvénients qui découlent de l'emploi des locomotives : 1° défaut de sécurité ; 2° cherté excessive dans le tracé du chemin et le service journalier de la voie.

Quelle que soit l'efficacité des moyens de surveillance établis sur les chemins de fer, quelle que soit la perfection actuellement apportée à la construction des locomotives, l'emploi de ces machines expose à diverses chances d'accidents, que l'on ne peut prévenir que dans de certaines limites. Quand on voit, sur un viaduc très-élevé, une série de wagons remplis de voyageurs, voler, avec la rapidité d'une flèche, sur des rails polis comme la glace, on ne peut se défendre d'un sentiment de terreur, en songeant aux catastrophes que peut provoquer le plus faible obstacle rencontré sur la voie. Des événements terribles ont assez démontré que tous les moyens mis en usage ne suffisent pas toujours pour écarter ces dangers. L'expérience a tristement établi, qu'il n'est point de surveillance capable d'empêcher, dans tous les cas, la rencontre et le choc de deux convois marchant en sens opposé. L'attention des employés d'une ligne peut être distraite ou relâchée un moment, jusqu'à laisser s'engloutir dans le Rhône un convoi de marchandises, et quelques jours après, un convoi de voyageurs dérailler à quelques pas du même abîme. Il est d'autres catastrophes qu'il n'appartient à aucune puissance humaine de prévoir, et, par conséquent, d'empêcher. On ne le sait que trop, des centaines de voyageurs peuvent se précipiter, par suite d'un déraillement, dans les marais de Fampoux. Rien ne peut prévenir encore la rupture de l'essieu d'une locomotive, accident dont l'événement du chemin de fer de Versailles offrit un exemple si déplorable.

Le défaut de sécurité inhérent à l'emploi des locomotives, frappe suffisamment l'esprit.

Mais les inconvénients, très graves encore, résultant des dépenses qu'exigent l'établissement et l'entretien de la voie, attirent moins l'attention. Aussi insisterons-nous davantage sur cette dernière considération.

Les dépenses énormes que nécessite l'établissement des chemins de fer, reconnaissent deux causes : 1° le tracé du chemin ; 2° son exploitation.

D'après les principes mécaniques sur lesquels reposent la construction des locomotives et leur progression sur les rails, il est impossible de franchir des pentes d'une certaine inclinaison. Les locomotives ordinaires ne peuvent faire remonter aux convois, des pentes de plus de 12 millimètres par mètre ; pour surmonter une rampe plus forte, on est obligé d'employer une locomotive de renfort. Au delà de 30 millimètres, une locomotive ordinaire, placée à la tète d'un convoi, reculerait, au lieu d'avancer. Aussi la rampe habituellement admise sur les chemins de fer est-elle seulement de 7 millièmes.

En second lieu, le mode de construction adopté pour les locomotives et les wagons, impose la nécessité de donner au tracé de la voie une direction constamment en ligne droite. Le parallélisme et la fixité des essieux, dans la locomotive et les wagons, commandent un tracé entièrement rectiligne, et ce n'est que par une dérogation aux principes de la progression et de l'équilibre de ces véhicules, que certaines courbes sont adoptées. Ces courbes sont d'ailleurs d'un rayon tellement étendu, qu'elles présentent, sous le rapport pratique, autant d'inconvénients que d'avantages.

C'est cette double obligation de maintenir la ligne des rails sur un niveau toujours sensiblement horizontal, et d'adopter une direction rectiligne, qui entraîne tant de dépenses dans l'exécution de nos routes ferrées. C'est pour cela que l'ingénieur chargé d'exécuter le tracé d'un chemin de fer, est contraint d'aller droit devant lui, élevant par des remblais les niveaux des terrains trop abaissés, franchissant les vallées sur de longs viaducs, se frayant un passage à travers les montagnes, bouleversant le sol autour de lui, s'écartant des points qu'il aimerait à traverser, traversant ceux qu'il voudrait éviter, changeant les cités en déserts et les déserts en lieux habités.

Cette inflexibilité aveugle imposée à la direction de nos lignes est la cause principale des dépenses excessives qu'entraîne leur exécution ; c'est aussi le point profondément vicieux, nous dirions presque le côté barbare, des chemins de fer actuels. Ces montagnes percées à jour, ces vallées comblées, ces longs viaducs joignant le sommet des collines, ces fleuves franchis sur un point forcé, ces étangs ou ces marais traversés sur des digues élevées à grands frais, ces longs trajets souterrains, ces sombres tunnels parcourant des lieues entières, et où le voyageur, enfoui dans les entrailles de la terre, est privé du spectacle de la nature et du ciel, tout cela rappelle singulièrement les débuts grossiers de l'art humain. Lorsque les générations futures viendront un jour contempler les débris et les vestiges abandonnés de ces travaux immenses, il est à croire qu'elles concevront quelque dédain de ces merveilles dont nous nous montrons si fiers !

L'emploi des locomotives introduit dans l'exécution des chemins de fer une autre source de dépenses importantes. L'énorme poids de la locomotive et de son tender, oblige de faire usage de rails très lourds, et d'établir des fondations d'une grande solidité. C'est pour résister au poids d'une machine pesant à elle seule vingt tonnes au moins (20 000 kilogrammes), que l'on est contraint d'employer ces larges rails, qui entrent pour une si grande part dans les frais d'établissement du chemin.

Le poids excessif de la locomotive offre un second inconvénient, c'est qu'il fait perdre la plus grande partie de la puissance développée par la vapeur. Dans un convoi ordinaire, un quart de la force motrice est employée à traîner la locomotive et son tender. Cette perte, déjà si considérable, s'accroît encore quand le convoi remonte une pente ; et dans ce cas, la moitié de la puissance de la vapeur est uniquement employée à traîner la machine, et se trouve ainsi dépensée sans utilité pour le service.

Fig. 195. — Chemin de fer à rail central, établi en 1866, sur le Mont-Cenis.

L'exploitation quotidienne des chemins de fer, entraîne une dernière part de dépenses très onéreuses : nous voulons parler des frais de traction et de combustible. Sur le railway de Liverpool à Manchester, la dépense annuelle pour la locomotive et le charbon se trouve portée, d'après un compte rendu de l'administration, à environ 1 500 000 francs pour un transport de 121 872 kilogrammes par jour. Sur celui du Great-Western, la dépense du coke représente à elle seule 25 250 francs par semaine[16].

16 La considération des dépenses qui se lient à l'emploi des locomotives offre assez de gravité pour avoir autorisé quelques ingénieurs à conclure que les locomotives ne sont d'un usage avantageux, que

Frappés de l'évidence et de la gravité de ces faits, animés du désir de perfectionner une invention qui rend à la société de si éminents services, un grand nombre d'ingénieurs et de savants se sont appliqués, depuis plusieurs années, à la recherche de moyens nouveaux susceptibles de réaliser avec plus de sécurité et d'économie, les transports sur nos routes ferrées. De ces travaux est sortie toute une série de systèmes destinés, dans la pensée de leurs auteurs, à remplacer les moyens de locomotion actuellement en usage.

Nous allons rapidement passer en revue ceux qui se distinguent le plus par leur originalité. Il en est quelques-uns qui ont été expérimentés d'une manière sérieuse et qui ont été reconnus applicables, au moins dans certains cas, et dans des conditions spéciales. D'autres ne paraissent pas susceptibles d'emploi. Aucun, d'ailleurs, de ces systèmes nouveaux ne saurait remplacer avec avantage la locomotive et la voie ferrée, telles que nous les avons décrites et qui répondent à tous les cas, à toutes les exigences qu'un long service a fait reconnaître.

Parmi ces nouveaux systèmes, nous citerons celui du marquis Achille de Jouffroy, fils du marquis Claude de Jouffroy, dont nous avons raconté les travaux sur la navigation à vapeur.

Achille de Jouffroy, qui était à 23 ans, mécanicien en chef du grand arsenal de Venise, et qui est mort en 1863, s'était proposé de construire une machine. légère, ayant une grande adhérence, et pouvant passer dans des courbes de petit rayon.

L'inventeur place tout le mécanisme sur un train distinct de celui qui porte la chaudière, et les deux trains sont soutenus sur deux roues seulement. Au milieu du train d'avant, se trouve une roue motrice de grande dimension. Cette roue de fer, munie d'une jante en bois, repose sur un rail strié spécial, posé au milieu de la voie. C'est cette roue de bois qui détermine l'adhérence sur le rail strié. Le tender et les wagons sont tous pourvus de roues libres sur l'essieu ; ils sont reliés entre eux par des articulations. Les rails, pourvus d'un rebord, sont en fonte.

Ce système n'a point reçu d'application sur une grande échelle, de sorte qu'il est impossible de l'apprécier en dernier ressort. Ses dispositions ayant paru vicieuses à nos ingénieurs, il fut abandonné, après quelques essais. L'adhérence obtenue par une roue de bois, ne parut pas un moyen sérieux.

---

sur les lignes d'une grande étendue. Sur les chemins de fer d'un petit parcours il y aurait, selon eux, économie à se servir de chevaux.

On donne, nous ne savons trop pourquoi, le nom de chemin de fer américain, à ces lignes ferrées qui commencent à se répandre en France pour les petits parcours, et sur lesquels la traction s'opère au moyen de chevaux. Un chemin de fer de ce genre est établi de Paris à Versailles. On en voit aussi quelques-uns dans d'autres localités de la France.

M. le baron Séguier, s'il n'est pas l'inventeur du rail central a, du moins, beaucoup contribué à appeler l'attention sur ce système, d'abord en le perfectionnant, de manière à l'appliquer, non-seulement sur les pentes, mais encore sur les routes de niveau, ensuite en plaidant sa cause, à différentes reprises, devant l'Académie des sciences, avec la verve et l'originalité qui distinguent cet honorable savant.

Le système du rail médian, ou central, consiste à placer entre les deux rails ordinaires de la voie, une troisième bande de fer, portée à un niveau un peu plus élevé. Ce troisième rail est destiné à fournir l'adhérence nécessaire à la traction. Les rails latéraux n'ont plus dès lors, d'autre fonction que de supporter les wagons.

Contre le rail médian viennent presser deux petites roues, tantôt horizontales, tantôt obliques ou moyennement inclinées. Ces roues, ou galets, poussées par la vapeur, pressent avec force le rail, et déterminent l'adhérence nécessaire à la progression. Il est dès lors inutile de donner à la locomotive cet énorme poids, qui est le vice fondamental du système actuel de nos chemins de fer ; car ce poids excessif de la locomotive exige une solidité extraordinaire dans les constructions de la voie, et conduit à ce résultat, anti-économique et anti-mécanique de donner au moteur le quart, et quelquefois la moitié, du poids qu'il doit entraîner.

Il paraît que dès l'année 1830, ce système était breveté en Angleterre, au nom de MM. Ericsson, l'inventeur de la machine à air chaud, et Vignole, l'ingénieur anglais à qui l'on doit l'invention du rail qui porte son nom.

En 1840, un autre brevet fut accordé, pour la même application, à un autre ingénieur anglais, M. Pinkus.

Au mois de décembre 1843, M. le baron Séguier entretint, pour la première fois, notre Académie des sciences, du système du rail central, qu'il ne voulait point restreindre aux fortes pentes, mais qu'il proposait d'étendre aux grandes lignes ordinaires, même dans le cas des grandes vitesses.

M. Séguier fit breveter ce système en 1846, et il est revenu assez souvent, depuis cette époque, sur cette invention devant l'Académie des sciences.

M. le baron Séguier a raconté, dans une communication faite à l'Académie des sciences, le 26 mars 1866, que l'empereur Napoléon III, qui s'intéresse particulièrement à ce système, caractérisa « par une comparaison juste et spirituelle » les chemins de fer actuels comparés à la méthode du rail central.

> « Permettez-moi, dit M. le baron Séguier, dans sa communication récente à l'Académie, de répéter dans cette enceinte, une comparaison juste et spirituelle, tombée dans notre oreille d'une bouche auguste :
>
> « Les convois sur les chemins de fer, nous disait-elle dans un langage figuré, ressemblent au défilé d'un troupeau de moutons précédé d'un éléphant ; or, pour faire passer l'éléphant, il faut une solidité de voie qui serait inutile si un simple bélier

marchait en tête. L'essieu moteur de la locomotive porte environ 18 tonnes, les essieux des wagons qui la suivent ne supportent que le tiers de cette charge ; le passage de la locomotive exige donc seul un échantillon de rail plus fort que celui nécessaire à la circulation des wagons, et tous les travaux d'art de la voie doivent satisfaire au passage de l'éléphant ! »

Il paraît que M. le baron Séguier répondit à l'Empereur :

« Sire ! il ne faudrait pas même un bélier en tête du troupeau ; il suffirait d'une modeste brebis. »

Cette modeste brebis, c'est une machine à vapeur serrant les petites roues motrices contre le rail médian.

Dans la même communication faite à l'Académie des sciences, M. le baron Séguier met parfaitement en lumière les avantages de ce système. Nous le laisserons donc parler.

« Avec notre système de traction par laminage, dit M. Séguier, nos roues motrices horizontales étant serrées contre le rail intermédiaire par la seule résistance du convoi, le poids de la locomotive ne joue plus aucun rôle pour l'adhérence ; il peut dès lors être strictement réduit à celui des organes indispensables à la production de la force motrice. C'est ainsi que, composant notre moteur d'une puissante chaudière à double foyer en tôle d'acier, du poids de 18 tonnes, portée sur une plate-forme à trois essieux, et d'un mécanisme à quatre cylindres pesant 12 tonnes, destinés à faire tourner nos roues motrices horizontales, installées elles-mêmes dans un bâti supporté par deux essieux, nous arrivons très facilement à n'imposer à chacun des cinq essieux soutenant sur les rails la masse totale de 30 tonnes de notre moteur complet, qu'une charge de 6 tonnes, c'est-à-dire celle-là même qui pèse habituellement sur chacun des essieux des wagons de marchandises.

« La séparation sur les cinq essieux du moteur rendue possible par notre système, réalise sans exception, l'uniformité du chargement maximum de 6 tonnes ordinairement usitée pour les essieux des wagons des chemins de fer ; dès lors l'échantillon des rails, calculé aujourd'hui en vue du passage d'essieux moteurs chargés de 14 à 18 tonnes, pourrait être réduit sans inconvénient.

« Ce ne serait pas le seul avantage offert par cette installation séparée du générateur de vapeur et du mécanisme de traction sur des supports distincts ; ce genre de construction permet de désunir rapidement la chaudière et le moteur. Il apportera dans le matériel des locomotives une simplification et une économie de plus d'une sorte ; une même chaudière pourra faire le service de trois appareils de traction. Détachée d'un mécanisme qui vient de fonctionner, ayant besoin de nettoyage et de vérification, re-attelée immédiatement à un autre en parfait état d'entretien, la même chaudière serait, par la continuité de son service, soustraite aux détériorations produites par les effets sur le métal des variations de température. Le charbon des allumages successifs et celui brûlé pendant les temps d'arrêt pour nettoyage et vérification se trouverait économisé ; une partie des dépôts qui se forment principalement au moment du refroidissement du liquide serait ainsi évitée. Le capital consacré à l'acquisition des locomotives et à leur entretien serait considérablement diminué.

« L'adhérence de nos roues motrices horizontales, puisées dans la seule résistance du convoi, permet aux essieux moteurs de tourner constamment sans un minimum de pression, par conséquent avec la moindre force perdue dans les frottements d'axe. Notre système jouit seul de cet avantage. Il en est tout autrement des essieux moteurs des locomotives actuelles ; ceux-ci tournent toujours sous un maximum de frottement, puisqu'ils supportent incessamment la partie du poids de la locomotive qui leur est affectée pour l'adhérence des roues sur les rails, soit que la locomotive chemine seule, soit qu'elle traîne un lourd convoi ! Par notre dispositif, emprunté à la pince du banc à étirer, les choses se passent autrement ; la résistance du convoi étant la cause unique du serrage de nos roues motrices contre le rail intermédiaire, elles tournent sous un frottement d'axe minimum, puisque l'effort de rapprochement reste constamment en équation avec la résistance même des wagons traînés qui le produit. Tous les progrès de l'art de la construction peuvent, par un tel système, être utilisés au profit de la légèreté du moteur.

« La locomotive, avant de rien remorquer, doit se transporter elle-même ; aussi notre intelligence souffre vivement lorsque nous voyons les fortes rampes admises dans les tracés nouveaux franchis par le seul poids de lourdes machines, dont la plus grande partie de la puissance est absorbée par leur propre ascension.

« Messieurs, les conditions économiques d'établissement et d'exploitation des chemins de fer du troisième réseau exigent évidemment des innovations capitales. Le mode de traction actuel, par le fait seul du poids des locomotives, doit être remplacé ; il entraîne trop de frais dans l'établissement et l'entretien de la voie ; il amoindrit les profits de la traction par le transport de poids morts trop considérables[17]. »

Il y a dans le mécanisme adopté par M. le baron de Séguier, une disposition très rationnelle. C'est que l'adhérence est toujours proportionnelle à la résistance ; en d'autres termes, que l'adhérence des roues contre le rail central, loin de rester constante, comme c'est le cas de nos chemins de fer actuels, s'accroît ou diminue, selon que le poids à traîner, c'est-à-dire le convoi, est plus ou moins considérable.

Ce résultat s'obtient par l'emploi du levier dit funiculaire. Les roues qui pressent le rail médian, sont fixées à l'extrémité d'une sorte de double pince, qui ressemble à une tenaille, avec ses deux longues branches et les petites branches de sa mâchoire. Les longues branches de la tenaille étant liées au convoi, plus le convoi est lourd, plus les roues motrices attachées à la mâchoire doivent mordre avec force sur le rail, et accroître l'adhérence.

Ainsi, plus la résistance à la traction s'accroît, plus s'accroît aussi l'adhérence.

Une autre disposition qui paraît également devoir être avantageuse dans la pratique, c'est la séparation que fait M. Séguier, de la chaudière à vapeur et du mécanisme. La chaudière et le système moteur, sont portés, chacun, sur un wagon différent.

17 *Comptes rendus de l'Académie des sciences*, séance du 26 mars 1866.

Toutes ces particularités donnent au système de M. Séguier une excellente physionomie. Malheureusement il n'a pas encore obtenu la sanction de la pratique. Nous avons vu, dans le cabinet de l'honorable académicien, un modèle en bois, de 3 mètres de long, du châssis du wagon porteur de la pince, ou levier funiculaire. D'après ce qu'a bien voulu nous dire M. Séguier, un ingénieur éminent, M. Duméry, s'occuperait, depuis plusieurs années, de construire une locomotive destinée à mettre en évidence tous les bons résultats promis.

Fig. 196. — Locomotive de M. Fell pour le chemin de fer à rail central.

Voilà tout ce que nous pouvons communiquer à nos lecteurs sur ce chapitre.

Ce qui nous frappe dans les idées de M. le baron Séguier, c'est qu'il prétend appliquer le système du rail médian à toute ligne de chemin de fer, non seulement pour remonter et descendre les pentes, mais pour courir sur les rails de niveau. Son opinion s'écarte, en cela, de celle de la plupart des ingénieurs, qui, tout en reconnaissant l'incontestable utilité du système du rail central pour remonter les pentes, limitent son usage à ce cas particulier, et le déclarent fort inférieur, pour les cas ordinaires, à la locomotive actuelle.

C'est ainsi qu'a raisonné un ingénieur anglais, M. Fell, et c'est en conséquence de ce raisonnement qu'il a procédé.

Selon M. Fell, les machines à adhérence centrale, ne sont applicables que pour les cas de fortes rampes, et pour les petites vitesses. Dans ces conditions, elles permettent de développer un effort considérable de traction, avec un moteur d'un faible poids. M. Fell a donc combiné et exécuté une locomotive, destinée à réaliser l'application pratique du système du rail médian, dans les conditions que nous venons d'énoncer, c'est-à-dire pour remonter les rampes.

Vers la fin de l'année 1863, la locomotive de M. Fell fut essayée dans le Derbyshire, sur le chemin de Cromfort à High-Peak, lequel dessert une partie de ce district houiller près de la station de Whaley-Bridge.

Un plan incliné de 72 millimètres par mètre, de 146 mètres de longueur part de cette station et est desservi par des câbles, que commande une machine fixe. M. Fell obtint l'autorisation d'y établir ses trois rails, et de prolonger cette voie sur un coteau voisin, dont la longueur est de 137 mètres, dont l'inclinaison varie de 76 à 100 millimètres, et qui présente quatre courbes d'un rayon de 50 mètres seulement.

Le troisième rail de cette voie fut posé à plat, à 20 centimètres au-dessus du niveau des deux rails ordinaires. Il était du même modèle que ceux de la voie courante. La locomotive était une machine-tender, pesant, vide, 14 tonnes, et 16 tonnes et demie, approvisionnée. La surface de chauffe totale, était de 42 mètres.

Cette machine que l'on voit représentée ci-dessus, se compose, en réalité, comme mécanisme, de deux machines distinctes, ayant chacune sa chaudière à vapeur, ses cylindres et son régulateur. L'une agit par l'adhérence naturelle que produit le poids de la locomotive sur les rails latéraux ; l'autre, par l'adhérence supplémentaire obtenue par la pression des roues horizontales contre le rail central. La première est à deux cylindres extérieurs et à quatre roues couplées d'un diamètre de 0^{m},60. La seconde, également à deux cylindres disposés entre les roues, parallèlement à la chaudière, agit sur quatre roues horizontales, du diamètre de 0^{m},40, que des ressorts à boudin poussent contre le rail central. Des boîtes à sable permettent d'augmenter l'adhérence sur les rails.

Chaque wagon est muni en son milieu et sous les châssis, de quatre galets directeurs, destinés à agir également sur le rail central et à empêcher, dans les courbes, les bourrelets des roues de frotter contre les rails extérieurs.

Les figures 197 et 198 mettent en évidence le mode d'action et la disposition des roues qui viennent agir contre le rail médian.

La figure 197 donne une coupe de la voie et montre la situation du rail médian *b*, serré entre les deux roues *a*, *a*, qui déterminent l'adhérence et la progression.

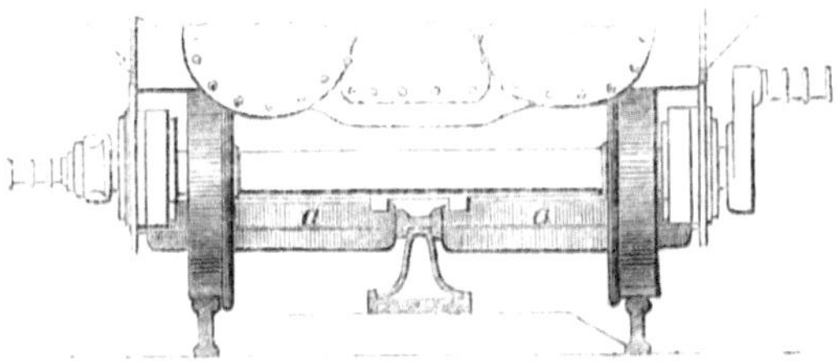

Fig. 197. — Coupe de la voie du chemin de fer du Mont-Cenis, vue des rails.

La figure 198 est une coupe horizontale des quatre roues du rail médian et du mécanisme pressant les roues contre ce rail. *pr* est une tige mue par le piston de la machine à vapeur, *qdq* le rail médian, *a, a* les roues. Les ressorts en spirale *b, b, b, b*, serrés par le sommier *g*, que le mécanicien peut mettre en mouvement du tablier de la machine, pressent les roues *a, a, a, a* contre le rail central.

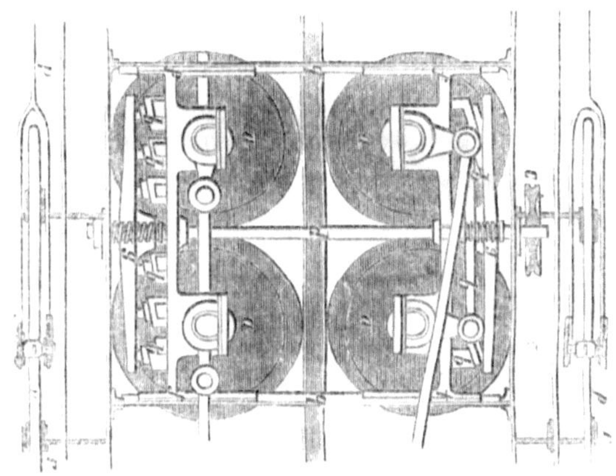

Fig. 198. — Roues horizontales et rail central de la locomotive du Mont-Cenis.

Dans les expériences auxquelles a assisté un ingénieur français, M. Desbrière, cette machine remonta facilement le plan incliné, en remorquant quatre wagons du poids de sept tonnes. Le train parcourut ensuite le palier, et s'arrêta au pied du coteau où la pente dépasse 80 millimètres. On supprima les wagons, et la machine fut lancée seule sur la rampe, en faisant agir le mécanisme extérieur seulement. La locomotive ne put s'élever que de quelques mètres. Alors on débrida le mécanisme intérieur, et aussitôt, elle remonta la rampe, avec une vitesse de 20 kilomètres à l'heure. Attelée à un ou deux wagons, elle marcha encore avec une vitesse de 16 kilomètres ; avec quatre wagons dont le poids joint à celui de la locomotive elle-même s'élevait à 44 tonnes, la vitesse fut réduite à 8 kilomètres. La tension exercée sur chaque roue était de 2 tonnes, la pression de la vapeur de 8 atmosphères effectives.

Ces résultats parurent tellement satisfaisants, quoique la locomotive ne fût encore qu'une machine d'essai, susceptible de perfectionnement, qu'il fut décidé que les expériences seraient répétées sur la route du Mont-Cenis, c'est-à-dire dans le massif des montagnes qui sépare la France de l'Italie.

Les gouvernements de France et d'Italie ne tardèrent pas à accorder l'autorisation nécessaire à cette grande expérience.

Le réseau des chemins de fer qui relient la France à l'Italie, présente une interruption de 77 kilomètres, entre Saint-Michel en France, et Suse en Piémont. Les diligences mettent 10 à 12 heures à faire ce trajet, sur une route de 10 mètres de largeur, qui offre une pente moyenne de 77 millimètres, et qui commence du côté de la France, à la hauteur de Lans-le-Bourg. Mais, outre l'inconvénient de l'interruption des voies ferrées, le passage de la montagne devient, dans l'hiver et au commencement du printemps, extrêmement difficile, à cause des neiges et de la glace qui s'accumulent sur la route. Les avalanches ajoutent encore aux dangers du passage. On est alors forcé de remplacer les diligences par des traîneaux, nom pompeux qui signifie seulement diligences sans roues, traînées sur la neige par des chevaux. La durée du passage de la montagne est alors livrée à tous les hasards des événements et du temps.

Au mois de mars 1865, nous avons passé le Mont-Cenis, pour revenir d'Italie en France. L'énorme accumulation des neiges, le voyage fait en pleine nuit, sur le faîte de précipices épouvantables, l'insouciance des postillons commis à la direction des prétendus traîneaux, tout cela a mis sous nos yeux avec une triste éloquence, les dangers du passage de cette montagne à l'époque des neiges, et la nécessité de supprimer, au plus vite, sur les sommets alpestres ce mode de transport périlleux et arriéré.

C'est pour éviter ce passage, que l'on est en train, comme nous l'avons dit, de creuser le fameux tunnel du Mont-Cenis, ou pour mieux dire du mont Tabor, dont nous avons parlé dans un chapitre précédent. Mais ce tunnel ne sera probablement pas terminé avant l'année 1872 environ.

Dans ces circonstances, on a pensé à devancer l'ouverture du tunnel des Alpes, par l'établissement d'une voie ferrée, sur les flancs mêmes du Mont-Cenis, et d'y essayer le système du rail central.

MM. Brassey et Fell, au nom d'une compagnie anglaise, ont proposé aux gouvernements français et italien, de construire un chemin de fer à rail central, entre Saint-Michel et Suse , en attendant l'achèvement de l'immense souterrain du chemin de fer. Ils ne demandaient, d'ailleurs, aucune subvention, car la compagnie qui se charge de la construction de cette route, compte en tirer des bénéfices suffisants, pendant le temps que prendra encore le percement des Alpes ; peut-être même après l'ouverture du tunnel, car beaucoup de voyageurs préféreront le voyage en plein air, à la traversée du sombre et long corridor percé dans la masse de la montagne.

Nous n'avons pas besoin de dire que les locomotives ordinaires n'auraient jamais pu gravir ces pentes, qui atteignent quelquefois 80 millimètres et plus, ni tourner dans ses fortes courbures. La locomotion au moyen du rail central, s'appliquait donc admirablement dans ce cas.

La ligne d'essai, qui a été construite de 1864 à 1865, est située entre Lans-le-Bourg et le sommet du Mont-Cenis. Elle commence à la hauteur de 1622 mètres au-dessus du niveau de la mer, et se termine à une élévation de 1773 mètres, ce qui fait une différence de niveau de 151 mètres, pour une longueur d'environ 2 kilomètres ou, comme on dit, de 75 millièmes. La voie tourne en angle aigu, et réunit les deux zigzags de la rampe, par une courbe de 40 mètres de rayon seulement. Excepté en ce point, la voie ferrée est placée sur le côté extérieur de la grande route, occupant de 3 à 4 mètres de sa largeur, et laissant au moins 6 mètres libres, pour la circulation des voitures, charrettes et diligences, ce qui est parfaitement suffisant pour le trafic actuel. En outre, la clôture du chemin de fer s'interposant entre la route libre et le précipice, assure une sécurité plus grande aux diligences qui font le trajet. Les chevaux et les mulets s'habituent rapidement au passage des trains. On peut dire, du moins que, pendant six mois de circulation, aucun accident ne s'est encore produit. D'ailleurs le mouvement ne peut que diminuer sur la route ordinaire après l'ouverture du nouveau chemin de fer. Il est donc à prévoir que la largeur de la route libre sera plus que suffisante.

Comme on a choisi pour cette ligne d'essai, le point le plus difficile de la route du Mont-Cenis, les résultats seront tout à fait concluants pour l'avenir du nouveau système.

La voie a été éprouvée en ce qui concerne les mauvais temps, les neiges et les tourmentes atmosphériques.

Contre toute attente, l'adhérence des roues s'est trouvée meilleure en hiver qu'en été. Quand la neige a été enlevée des rails, elle les a nettoyés, elle les laisse secs et parfaitement propres, tandis que pendant la saison d'été la poussière et l'humidité les rendent gras.

La pente moyenne de la ligne entière, de Saint-Michel à Suse, n'est que d'environ 40 millièmes ; la pente maximum est de 83 millièmes. On se propose d'appliquer le rail central partout où la pente dépasse la moyenne de 40 millièmes. Sur les 2 kilomètres de la ligne d'essai, il y a 850 mètres en courbe, dont la moitié à rayons inférieurs à 80 mètres ; mais sur la ligne entière, la proportion des parties courbes sera beaucoup moindre.

Les neiges qui obstruent la route pendant l'hiver, ont forcé de couvrir une partie de la voie : environ 12 ou 15 kilomètres. Sur une longueur de 5 kilomètres, on s'est contenté d'une couverture en bois, parce que la neige n'y atteint ordinairement qu'une épaisseur peu considérable. Sur 7 kilomètres, on construira des couvertures en bois et en fer.

Enfin les trois derniers kilomètres, qui sont exposés aux avalanches, seront abrités par de fortes voûtes, en maçonnerie.

La dépense de déblaiement de la route actuelle, est de 12 000 francs par an, elle est de 32 000 francs pour la route du Saint-Gothard. Ce chiffre d'entretien donne une idée de la quantité de neige qui, chaque hiver, tombe sur ces abrupts sommets. Mais, grâce aux couvertures établies dans les endroits difficiles, la neige gênera très peu le service de la voie ferrée. Les locomotives pourront, d'ailleurs, pousser elles-mêmes, le cas échéant, des charrues à neige.

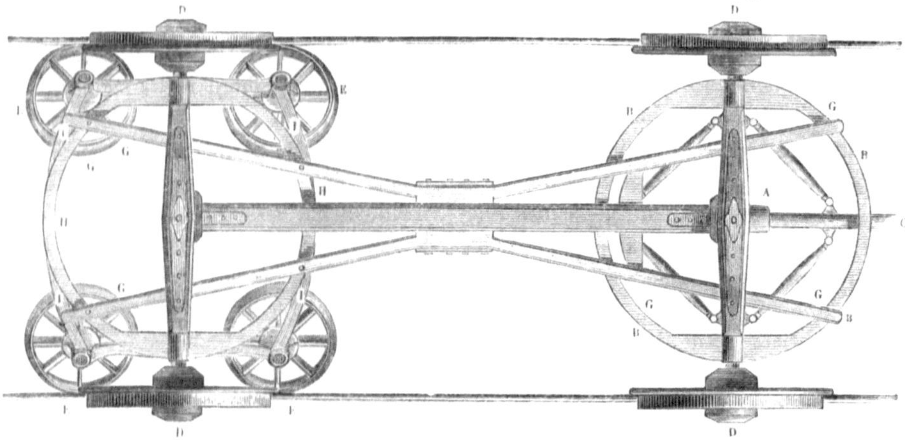

Fig. 199. — Châssis d'un wagon articulé du système Arnoux.

Pendant l'été de 1865, deux locomotives du système de M. Fell furent essayées sur la ligne du Mont-Cenis. L'une était celle qui avait été employée à Whaley-Bridge, l'autre une machine perfectionnée, du même poids que la première, et dans laquelle les mécanismes qui agissent sur les roues verticales et sur les roues horizontales, sont solidaires, ce qui simplifie beaucoup le jeu des organes.

Avec la première machine le capitaine Tyler constata qu'on remontait facilement la ligne de 2 kilomètres, en 8 minutes, avec un train composé de trois wagons, d'un poids total de 16 tonnes. La vitesse moyenne qui résulte de ces essais est de 13 kilomètres à l'heure, au lieu de 12 kilomètres, vitesse maximum prévue dans le projet d'établissement de cette voie.

Avec la seconde machine, on atteignit une vitesse de 11 kilomètres, en remorquant un train de cinq wagons, pesant, avec la machine, 42 tonnes, et on dépassa 14 kilomètres à l'heure, en réduisant le train à 3 wagons (poids total 33 tonnes). A la descente, grâce aux freins employés, la vitesse ne dépassa pas 10 kilomètres.

Ces expériences suffisaient pour démontrer l'excellence du système de M. Fell, et la possibilité d'adopter pour les lignes de montagnes, des pentes de 60 à 80 millièmes.

Sur le rapport d'une commission spéciale instituée par le gouvernement français, la concession du chemin de fer du Mont-Cenis fut accordée à MM. Brassey, Fell et Cie, par décret du 4 novembre 1865.

Le 6 juillet 1866, une expérience solennelle a eu lieu sur la partie terminée de la route ferrée du Mont-Cenis, en présence du Ministre des travaux publics de France, qu'accompagnaient le directeur général M. de Franqueville et plusieurs ingénieurs.

La partie déjà achevée, du chemin de fer à rampes tournantes établie sur ce point, le long de la route carrossable, fut parcourue par un convoi composé de plusieurs voitures, avec une vitesse de 48 kilomètres à l'heure à la montée, et de 45 kilomètres à la descente. La pente atteint jusqu'à 8,50 pour 100, et certaines courbes n'ont pas plus de 40 mètres de rayon.

Les travaux sur le versant italien doivent être achevés en novembre 1866. On peut donc espérer voir l'Italie et la France bientôt reliées l'une à l'autre par une voie ferrée non interrompue.

Le système du rail central, s'il se généralise sur les parties des chemins de fer qui présentent de fortes rampes, constituera un progrès notable : 1° parce qu'on n'aura plus besoin de tranchées et de remblais aussi coûteux que ceux qu'on a été obligé d'exécuter jusqu'ici pour aplanir les routes ; 2° parce que les fortes rampes permettant de réduire à moitié le développement des lignes, en évitant les grands détours destinés à adoucir les pentes, il en résultera une économie considérable dans les frais de construction, d'entretien et d'exploitation de ces lignes.

En diminuant de moitié, d'une part, la longueur du chemin, et d'autre part, la vitesse des locomotives, on fera le trajet toujours dans le même temps ; seulement, la charge utile des trains sera considérablement augmentée.

Parmi les avantages du système du rail central, nous devons encore mentionner les garanties de sécurité qui résultent de l'emploi du troisième rail. Ce rail ne sert pas seulement à augmenter l'adhérence de la machine, et par conséquent, sa puissance de traction ; il joue, en même temps, le rôle d'un frein des plus énergiques, pour modérer la vitesse ou pour arrêter, à la descente, les véhicules qui se seraient détachés. Enfin, par le moyen des galets horizontaux que portent les wagons, et qui s'appliquent aussi contre le rail central, celui-ci guide, en quelque sorte, le train et l'empêche de dérailler. On peut dire, sans exagération, que les parties les moins dangereuses du chemin de fer du Mont-Cenis, seront celles où les fortes pentes nécessiteront l'usage du rail central. Cette considération pourrait même conseiller l'emploi du même système sur les pentes inférieures à 40 millièmes, afin d'y augmenter la sécurité, surtout au passage des courbes.

M. Desbrière, dans le savant mémoire auquel nous avons emprunté la plupart des indications qui précèdent[18], a démontré par des calculs rigoureux, que l'application du rail central au cas d'une exploitation par trains de 400 tonnes (charge maximum qui suffirait dans la plupart des cas) n'offre aucune difficulté sérieuse. Mais il ne faut pas oublier que le rail central doit toujours être considéré comme un moyen de locomotion exceptionnel, appelé à remplacer le système ordinaire dans les cas où celui-ci cesse d'être applicable, et incapable de lutter avec lui sur les grandes lignes à pentes faibles.

Le troisième système nouveau méritant une mention spéciale, est celui des trains articulés de M. Arnoux, qui fonctionne sur le chemin de fer de Paris à Sceaux et à Orsay, et qui a pour effet de donner une mobilité remarquable à tout un convoi.

Les trains de devant de la locomotive et des wagons, sont rendus mobiles, de manière à permettre au convoi de tourner dans les courbes les plus petites, de suivre toutes les sinuosités de la route la plus infléchie.

Les figures 199 et 200 feront comprendre le mécanisme du système de M. Arnoux.

La première représente le châssis d'un wagon, vu à plat.

On voit que le wagon se compose de deux trains. Le premier est mobile autour d'une cheville ouvrière, le second est fixe.

Examinons d'abord le train antérieur, ou le train mobile.

A, est la cheville ouvrière, autour de laquelle pivote l'avant-train. Un disque BB, maintenu par des barres de soutènement, qui aident à sa flexion, tourne autour de la cheville ouvrière, et entraîne l'essieu DD des roues du wagon. La barre C, est le timon de la voiture.

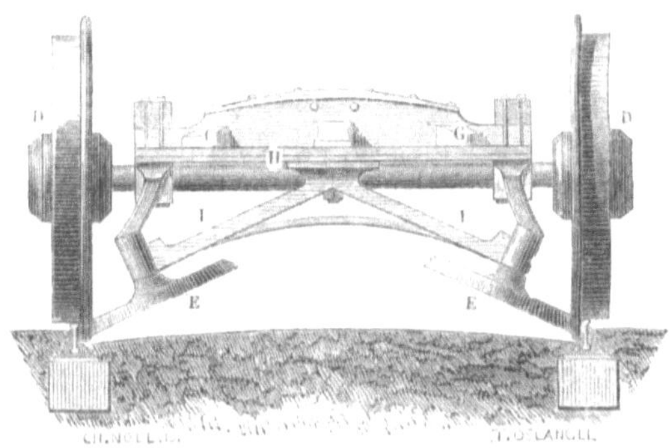

Fig. 200. — Disposition des roues obliques.

Le train postérieur, muni de deux autres roues D,D, posant sur le rail, comme les roues antérieures, est pourvu de quatre petites roues, ou galets, E, fixées autour d'un disque de bois GIH. Ces roues obliques, au moment où le train antérieur vient à tourner, pressent contre l'intérieur du rail, et empêchent le déraillement. Le déraillement

18 *Études sur la locomotion au moyen du rail central*, par M. Desbrière (extrait des mémoires de la Société des Ingénieurs civils), in-8°, Paris, 1865.

ne manquerait pas, en effet, de se produire, au moment où l'avant-train vient à tourner, si une puissance contraire ne ramenait dans la direction normale les roues de derrière, qui tendent soit à franchir le rail, soit à monter par-dessus.

La figure 200 est destinée à montrer à part la disposition des roues, ou galets, obliques, contre l'intérieur du rail : D,D, sont les roues du wagon, E, E les roues obliques, I la projection du disque GIH, qui porte ces roues obliques.

Ce mécanisme donne un résultat irréprochable pour les convois qui ne dépassent pas un certain poids ; mais il ne peut s'appliquer pour les trains pesamment chargés, et tel est le défaut qui a empêché le système de M. Arnoux de se généraliser sur les lignes récemment construites.

Il nous reste à décrire un petit nombre de systèmes qui diffèrent essentiellement des précédents par les forces mises en jeu pour obtenir la locomotion, et par les dispositions résultant de l'emploi de ces forces.

Nous parlerons d'abord du système des machines fixes. Ici, les locomotives sont supprimées, et la traction s'opère au moyen de cordes ou de câbles, tirés par une ou plusieurs machines à vapeur fixes, établies au point de départ ou sur le trajet de route.

Le plus remarquable de ces systèmes est celui qu'a imaginé récemment, M. Agudio, ingénieur et député italien. Il a pour résultat de faire disparaître les inconvénients très nombreux attachés jusqu'ici au système des plans inclinés sur lesquels la traction s'opère par une machine fixe agissant sur un câble.

Dans le système de M. Agudio, le convoi est poussé par un chariot placé à sa queue, et qui porte deux tambours à gorge, sur lesquels passe deux fois un câble de touage fixe. Le mouvement de rotation est imprimé à ces tambours, par un câble sans fin, qui s'enroule sur deux couples de poulies, fixées sur le chariot à côté des tambours, de manière à entraîner ceux-ci dans leur mouvement. Deux machines à vapeur, installées à la station inférieure et à la station supérieure, tirent les deux brins du câble moteur en deux sens opposés.

Le système Agudio permet d'adopter sur de grandes longueurs, de fortes rampes et des courbes de petits rayons, tout en offrant une grande sécurité. Des expériences faites en présence d'hommes compétents, ont prouvé qu'il fonctionnait sans difficulté ; aussi est-il question de l'appliquer au passage du Simplon, qui a déjà donné lieu à tant de projets.

Sur le nouveau chemin de fer brésilien de Santes à Jundiahy, où il s'agissait de franchir la Serra-do-Mar, avec des rampes de 10 centimètres par mètre (la différence du niveau pour 8 kilomètres, est de 800 mètres), on emploie une machine fixe pourvue d'un câble de fil de fer, de 3 centimètres de diamètre, qui s'enroule sur une grande roue horizontale et s'attache, par un bout au train descendant, et par l'autre au train montant, ce qui est le principe ordinaire des plans automoteurs. La montée entière a été divisée en cinq étapes, dont chacune a près de 2 kilomètres de longueur. Chacun de ces tronçons se termine par une plate-forme où se trouve une machine à vapeur fixe pouvant remorquer 50 tonnes avec une vitesse de 16 kilomètres à l'heure.

Cette voie, qui a nécessité d'immenses ouvrages d'art, a été inaugurée en juillet 1864.

Un autre système de machine fixe, mais dont les avantages sont problématiques, est celui des locomotives à air comprimé.

M. Andraud, homme d'un esprit ingénieux, mort en 1863, avait cru pouvoir appliquer l'air comprimé comme agent moteur aux voies ferrées. Il essaya de substituer l'air comprimé à la vapeur, en faisant porter le réservoir d'air par le tender, et renouvelant la provision de fluide moteur au moyen de réservoirs fixes échelonnés sur la voie et alimentés par des moteurs naturels, tels que chutes d'eau, courants, rapides, etc.

Le mécanicien Pecqueur avait adopté le même principe ; mais au lieu de faire porter le réservoir d'air par le véhicule, il avait imaginé de puiser cet air comprimé dans un tube fermé, qui régnait sur toute la longueur de la voie. Pour faire arriver l'air comprimé dans les boîtes à distribution, la locomotive portait des tiroirs, ou glissières creuses, en communication avec des tubulures à soupape, dont le grand tuyau longitudinal était muni de distance en distance.

Ce système était beaucoup trop compliqué pour se prêter à aucun usage pratique.

M. Andraud est encore l'inventeur du *système éolique*, qui offre tous les inconvénients du système des machines fixes, et de plus, les défauts qui lui sont propres.

Dans ce nouveau système, on supprime la locomotive, et l'on imprime le mouvement aux voitures, par l'effet de la compression et du refoulement de l'air dans un tuyau flexible, couché au milieu de la voie. Un tube de cuir, rendu imperméable par plusieurs enveloppes de caoutchouc, est disposé tout le long de la voie, entre les deux rails. Une voiture placée sur les rails, repose sur ce tube, à l'aide d'une large roue de bois dont elle est munie. Quand on vient, en ouvrant un robinet, à introduire de l'air comprimé dans le tube, celui-ci, subitement gonflé, pousse en avant la voiture en faisant office de coin, et la lance sur les rails.

Le réservoir d'air comprimé, qui consiste en un canal enfoui sous le sol, est établi sur le bord de la voie. Des machines à vapeur, disposées en nombre convenable, sur toute l'étendue de la ligne, servent à condenser l'air dans ce réservoir[19].

19 En raison de la faible intensité de la force motrice qui réside dans l'air comprimé, le système éolique

Dans le système éolique , on supprime, avons-nous dit, la locomotive ; on se met par conséquent à l'abri des inconvénients qu'entraîne le poids considérable de cet appareil moteur, et des dépenses qu'absorbe son entretien. On peut tourner sans difficulté les courbes du plus petit rayon ; les pentes ordinaires sont franchies sans obstacle, et si les rampes sont trop considérables, rien de plus simple que d'accroître la puissance motrice : il suffit d'augmenter les dimensions du tube propulseur.

Cette faculté de tourner dans les courbes et de remonter certaines pentes, simplifierait dans une proportion extraordinaire, le tracé des chemins. Ces énormes remblais, ces nivellements de terrain, ces viaducs, ces tunnels, qui sont une source de dépenses incalculables dans le tracé des chemins de fer ordinaires, disparaîtraient à la fois : la terre, telle à peu près que Dieu l'a faite, suffirait aux modestes nécessités de ce système.

Malheureusement, il n'a rien de pratique et ne pourrait s'appliquer à des lignes étendues. Tout au plus donnerait-il de bons résultats pour des chemins d'un petit parcours, ou pour les embranchements des grandes lignes. Nous avons vu fonctionner, en 1856, dans un terrain vague des Champs-Élysées, le système éolique de M. Andraud.

C'était un joli joujou, mais ce n'était qu'un joujou.

Le *système hydraulique*, imaginé et essayé sur le chemin de fer de Dublin à Cork, par un ingénieur anglais, M. Shuttleworth, et sur lequel un constructeur français, M. Girard, a plus tard appelé l'attention, offre une grande analogie avec le système de M. Andraud. En effet, au lieu d'un tube rempli d'air comprimé, M. Girard emploie un tube plein d'eau. Dans les deux systèmes, le train ouvre et ferme successivement, en passant, des robinets, à l'aide desquels on injecte le fluide moteur dans un appareil de locomotion.

L'appareil de locomotion, dans le système Girard, consiste en deux turbines placées sous les wagons, et qui impriment aux roues le mouvement de rotation. La conduite d'eau, disposée entre les rails, sur tout le parcours de la voie, est alimentée par des réservoirs distribués le long de la voie, de distance en distance.

M. Girard a imaginé récemment de faire porter les wagons sur des patins reposant sur le rail par deux surfaces cannelées sous lesquelles on introduit de l'eau, destinée à réduire considérablement le frottement.

Ce système paraît dépourvu de valeur pratique. La quantité d'eau nécessaire pour alimenter les conduites, constituerait un sérieux obstacle car, dans les

---

ne pourrait servir à traîner de lourds convois composés d'une série de wagons : une seule voiture pourrait chaque fois être mise en marche. Cette disposition ne serait pas à la rigueur un désavantage. Il y aurait peut-être, au contraire, une utilité marquée à établir sur les chemins de fer, au lieu de convois composés d'une douzaine de voitures partant trois ou quatre fois par jour, un transport régulier, formé d'une seule voiture, partant chaque cinq ou six minutes.

temps de sécheresse, ou pendant les hivers très rigoureux, on serait souvent forcé de suspendre le service de la voie hydraulique. Les passages au niveau des routes, les services de gares, etc. seraient impraticables.

L'idée de M. Girard de réduire la résistance de frottement par l'interposition de l'eau est fort peu applicable à la locomotion ; mais peut-être rendrait-elle des services dans la construction des turbines, paliers glissants, volants, hélices de bateau à vapeur, etc., où ce moyen servirait à diminuer le frottement par les axes.

Le dernier système dont nous nous occuperons, est le système atmosphérique, dans lequel la locomotive est supprimée. La traction s'opère à l'aide de machines aspirantes qui font le vide dans un tube de fonte couché entre les rails, au milieu de la voie, et dans lequel se meut le piston voyageur.

Ce système fut adopté, en 1847, par la compagnie du chemin de fer de l'Ouest, pour faire franchir aux convois, l'énorme rampe qui s'étend du bois du Vésinet à la ville de Saint-Germain.

Mais l'adoption faite, à titre d'essai en 1847, du système atmosphérique, par la Compagnie de l'Ouest, avait été précédée de plusieurs tentatives, suivies en Angleterre, avec beaucoup d'attention, pour perfectionner ce système. Il ne sera pas sans intérêt, de présenter à nos lecteurs le récit détaillé des premières expériences du système atmosphérique, en remontant à son origine.

CHAPITRE XIII

LE CHEMIN DE FER ATMOSPHÉRIQUE. - ORIGINE DE SA DÉCOUVERTE.- EMPLOI DU VIDE POUR LE TRANSPORT DES LETTRES.- SYSTÈME DE M. MEDHURST. - M. VALLANCE. - TRAVAUX DE MM. CLEGG ET SAMUDA. - ÉTABLISSEMENT DU CHEMIN DE FER ATMOSPHÉRIQUE DE KINGSTOWN EN IRLANDE. - CHEMIN DE FER ATMOSPHÉRIQUE DE PARIS A SAINT-GERMAIN. - SON INSUCCÈS. - LE NOUVEAU CHEMIN DE FER PNEUMATIQUE

Nous n'apprendrons rien à nos lecteurs en disant que la première idée de la locomotion atmosphérique appartient à Denis Papin. La machine à *double pompe pneumatique*, proposée par l'illustre physicien en 1687, renferme l'idée, déjà réalisée en partie, de l'emploi de la pression atmosphérique comme agent moteur.

Cent vingt ans après, en 1810, un ingénieur danois, M. Medhurst, fit revivre cette idée, alors presque oubliée. Dans une brochure intitulée : *Nouvelle méthode pour transporter des effets et des lettres par l'air*, suivie, en 1812, d'un nouvel opuscule : *Quelques calculs et remarques tendant à prouver la possibilité de la nouvelle méthode*, etc., cet ingénieur proposa d'utiliser la pression de l'air pour le transport des lettres et des marchandises.

M. Medhurst parlait de construire une sorte de canal, muni d'une paire de rails de fer, sur lesquels on placerait un petit chariot, portant les lettres et les paquets. Une machine pneumatique installée à l'extrémité de ce canal, devait faire le vide dans cet espace. Un piston jouant librement à l'intérieur et dans toute l'étendue de ce tube, pressé par le poids de l'atmosphère extérieure, aurait été entraîné dans l'intérieur du canal, en poussant le chariot devant lui.

Cependant l'ingénieur danois ne put réussir à attirer sur ses idées l'attention du public. Ses brochures restèrent chez le libraire, et ses modèles n'eurent pas un visiteur.

Bien que le système de M. Medhurst fût évidemment très raisonnable, il était demeuré inaperçu. En 1824, un autre inventeur, M. Vallance, reprit et étendit la même idée.

Ce que M. Medhurst avait imaginé pour les lettres et les paquets, M. Vallance l'appliquait aux voyageurs. Il proposait de construire un très large tube de fer, susceptible de tenir le vide, et occupant toute l'étendue de la distance à franchir. Dans ce tube il plaçait des rails, sur ces rails des wagons, et dans ces wagons des voyageurs. On attachait les wagons au large piston qui parcourait ce long tube. Une machine pneumatique épuisait l'air du tube, et la pression de l'atmosphère poussait à grande vitesse le piston, ainsi que le train de wagons attaché au piston.

M.Vallance exécuta sur la route de Brighton, les essais de cette curieuse invention. Il fit construire en bois de sapin, un tunnel provisoire, qui n'avait pas moins de 2 mètres de diamètre, et dans lequel il faisait circuler ses voitures.

Les habitants de Brighton accoururent en foule sur les bords de la route, pour être témoins des essais de l'inventeur ; mais personne ne consentit à servir de sujet à une expérience complète.

Le premier inventeur, enhardi par les essais de M. Vallance, s'occupa de perfectionner son premier projet, et il y réussit, car c'est à lui qu'appartient la découverte du système des chemins de fer atmosphériques.

M. Medhurst publia, en 1827, une courte brochure intitulée : *Nouveau système de transport et de véhicule par terre pour les bagages et les voyageurs*. L'ingénieur danois proposait deux procédés : le premier reproduisait son ancien projet d'un canal fermé de toutes parts, mais il ne l'appliquait qu'aux bagages. Le second, imité de celui de M. Vallance, était consacré au transport des voyageurs.

Ce nouveau système présentait les dispositions suivantes.

Un tube de fer était couché entre les deux rails, au milieu et dans toute l'étendue de la voie d'un chemin de fer ordinaire. Un piston parcourait toute la capacité intérieure de ce tube, et se trouvait rattaché, par une tige, aux wagons chargés de voyageurs. Pour livrer passage à cette tige de communication dans tout le trajet du tube, sans donner accès à l'air extérieur, M. Medhurst proposait de placer à la partie supérieure du tube, et sur toute son étendue, une rainure occupée par une couche d'eau, qui devait livrer passage à la tige de communication et se fermer derrière le convoi.

Ce genre de soupape était inapplicable, puisqu'il exigeait une horizontalité parfaite du sol. Cependant le principe était trouvé, et les conditions du problème nettement posées ; il ne restait qu'à les remplir.

Plusieurs ingénieurs s'occupèrent aussitôt, de créer une nouvelle soupape qui pût répondre à cet important et difficile objet, de donner passage à la tige de communication, et de refermer aussitôt le tube, de manière à y maintenir le vide.

Un grand nombre d'essais furent tentés dans cette direction. La soupape formée d'un assemblage de cordes, proposée en 1834 par l'ingénieur américain Pinkus, ne remplit qu'imparfaitement ces conditions. Enfin, en 1838, MM. Clegg et Samuda, constructeurs à Wormwood-Scrubs, près de Londres, trouvèrent une solution tellement satisfaisante du problème, qu'elle permit de transporter dans la pratique le nouveau procédé de locomotion de l'ingénieur danois.

La soupape de MM. Clegg et Samuda se composait d'une lanière de cuir, disposée à la partie supérieure et sur tout le trajet du tube propulseur ; elle servait à boucher l'ouverture longitudinale ménagée sur toute l'étendue du tube. Fixée à ce tube par l'un de ses bords, elle était soulevée par la tige qui servait à lier le piston aux wagons. Après le passage de cette tige, elle se refermait par suite de son poids, augmenté de celui de deux lames de tôle flexibles fixées sur chacune de ses faces. Pour rendre l'occlusion plus complète, le bord libre de la lanière de cuir reposait sur une entaille creusée dans la rainure, et cette entaille était remplie elle-même d'un mastic résineux. Après le passage de la tige de communication, une roue de bois, adaptée au wagon directeur, comprimait fortement la lanière de cuir contre sa rainure, et la replaçait dans la position qu'elle occupait auparavant. La faible chaleur développée par cette compression avait pour effet de rendre le mastic plus fluide et de faciliter ainsi l'adhérence qu'il provoquait entre la bande de cuir et le métal. Dans l'origine, on avait même ajouté au rouleau compresseur un fourneau en grillage rempli de charbons incandescents, qui fluidifiaient le mastic sur leur passage ; mais cet engin, assez ridicule, fut bientôt supprimé.

Cet ingénieux système fut essayé pour la première fois en France, en 1838. MM. Clegg et Samuda en firent exécuter les essais à Chaillot et au Havre, sur un petit chemin de fer d'épreuve.

L'invention, alors dans son enfance, fit peu de bruit et n'éveilla guère que des critiques. On ne croyait pas à la possibilité de maintenir le vide dans un tube de plusieurs kilomètres, incessamment ouvert et refermé par une tige qui le parcourait avec une vitesse excessive. Les hommes pratiques avaient de la peine à considérer d'un oeil sérieux cet immense conduit, ce mastic fondu et ce réchaud voyageur. Mais les inventeurs ne perdirent pas courage. Après avoir avantageusement modifié la confection de leurs appareils, ils établirent aux portes de leurs ateliers, à Wormwood-Scrubs, non plus un modèle de petite dimension, mais un véritable chemin de fer de la longueur de près d'un kilomètre ; offrant une pente sensible dans une partie de son parcours. Une pompe pneumatique, mise en action par une machine à vapeur de la force de seize chevaux, opérait le vide dans le tube. Les wagons étaient entraînés avec une vitesse de dix à douze lieues par heure.

Le public, qui fut admis à prendre place dans les voitures, accueillit avec faveur les essais de ce curieux système. Cependant quelques hommes de l'art se montrèrent plus difficiles, et déclarèrent que l'invention ne pouvait être prise au sérieux.

MM. Clegg et Samuda réclamèrent vainement contre la sévérité de cet arrêt. Ils ne purent réussir à trouver à Londres le plus faible appui. Mais l'Irlande, encore à peu près dénuée de chemins de fer, avait intérêt à accueillir les découvertes nouvelles : elle offrit aux inventeurs un théâtre favorable à l'expérimentation de leurs idées. En 1840, M. Pim, trésorier de la compagnie du chemin de fer de Dublin à Kingstown, sur la foi des expériences dont il avait été témoin, proposa aux actionnaires de sa compagnie d'établir, à titre d'essai, le système atmosphérique à l'une des extrémités du chemin de Dublin, entre Kingstown et Dalkey.

Pour encourager cet essai, le gouvernement anglais accorda aux inventeurs un prêt de 625,000 francs, destiné à faire face aux premiers frais de l'entreprise.

Le chemin de fer de Kingstown à Dalkey fut terminé le 19 août 1843. On se mit aussitôt en devoir de procéder au premier voyage d'essai. Un convoi composé de trois voitures chargées de plus de cent personnes, fut placé à la tête de la ligne, et le vide ayant été opéré par les machines, il fut abandonné à lui-même.

On lira peut-être avec intérêt le récit, donné par le *Morning-Advertiser*, de cette première expérience qui eut en Angleterre un grand retentissement.

> « Trois voitures, dit ce journal, furent placées à la station de Kingstown. A la première étaient attachés le piston qui se meut dans le tube et une mécanique pour modérer la vitesse du train et s'arrêter à Dalkey ; une mécanique de cette sorte fut aussi attachée à la deuxième voiture, qui contenait un grand nombre d'ouvriers ; la troisième était réservée aux directeurs et à leurs amis : en tout, plus de cent personnes. Tout le monde était curieux de savoir le résultat du premier voyage.
>
> « Tout étant prêt, vers six heures du soir, la machine à vapeur de Dalkey mit en mouvement la pompe pneumatique. Elle marcha si bien, qu'en une demi-minute le vide fut obtenu dans le tube. Les signaux nécessaires furent faits ; le train partit, et quatre minutes après il avait atteint Dalkey. On ne peut se faire une idée de la facilité avec laquelle marche la machine, même au milieu des courbes les plus raides que l'on trouve sur cette ligne. Le train glisse sur les rails presque sans qu'on s'en aperçoive ; point de fumée,point de bruit comme dans les chemins de fera vapeur. Les mécaniques pour modérer le mouvement sont suffisantes ; on a arrêté à Dalkey avec la plus grande facilité. Le succès complet de cette expérience prouve que désormais la pression de l'air atmosphérique peut être appliquée aux chemins de fer. »

Les expériences subséquentes ayant confirmé ces premiers faits, le chemin de fer atmosphérique commença son service public de Kingstown à Dalkey. Les résultats obtenus en Irlande frappèrent beaucoup l'attention. L'Angleterre et la France s'en émurent particulièrement. Deux années après, une compagnie anglaise, décidait l'établissement d'un railway atmosphérique, de Londres à Croydon. Ce chemin atmosphérique, dont l'exécution rencontra beaucoup de difficultés offrait une particularité intéressante. Entre Norwood et Croydon, il traversait, sur un viaduc gigantesque, les deux voies des chemins de fer ordinaires de Brighton et de Douvres.

C'est sous l'influence de ces faits que, pendant l'année 1844, le ministre des travaux publics en France, désireux de s'éclairer sur la valeur positive de ces nouveaux procédés, et de reconnaître leur influence sur l'avenir de nos chemins de fer, envoya en Irlande un inspecteur des ponts et chaussées, M. Mallet, avec mission d'y étudier les appareils de MM. Clegg et Samuda.

M. Mallet fit connaître, dans divers rapports, toutes les conditions du chemin fer atmosphérique de Kingstown. Il entra dans des développements étendus sur les frais de son établissement et compara, sous ce double rapport, les deux systèmes rivaux. Cet ingénieur, à qui l'on a reproché d'avoir vu d'un oeil trop indulgent le système irlandais, s'attacha à combattre les objections qu'il soulevait, et finalement, demanda que l'on en fît parmi nous, un essai sur une étendue suffisante.

Adoptant les vues de M. Mallet, le gouvernement décida que le système atmosphérique serait soumis à l'épreuve définitive de l'exécution pratique. Un projet de loi fut donc présenté aux chambres, demandant pour cet objet, une allocation de 1 800 000 francs.

La loi fut votée le 5 août 1844. Une ordonnance du 2 novembre de la même année, arrêta que l'expérience aurait lieu entre Nanterre et le plateau de Saint-Germain.

A cette époque, le chemin de fer de Paris à Saint-Germain s'arrêtait à la commune du Pecq, au pied de la colline. On vit, dans le choix de cet emplacement, un moyen décisif de juger le nouveau système dans les conditions où il peut offrir le plus d'avantages, c'est-à-dire lorsqu'il s'agit de faire remonter aux convois des pentes d'une inclinaison considérable. La ville de Saint-Germain y trouvait, d'ailleurs, l'avantage de faire arriver jusqu'à elle les convois qui s'arrêtaient forcément au bas du plateau. Elle ajouta donc une somme de 200 000 francs aux 1 800 000 francs alloués par l'État. Le chemin de fer atmosphérique, qui devait être établi de Nanterre au plateau de Saint-Germain, sur une longueur de plus de huit kilomètres, n'a été en réalité, exécuté que dans l'intervalle de deux kilomètres et demi qui sépare Saint-Germain du pont de Montesson, dans le bois du Vésinet. Il fut terminé en 1847.

Tout le monde connaît les travaux d'art si remarquables que nos ingénieurs ont exécutés pour franchir la différence de 50 mètres de niveau, qui existe entre

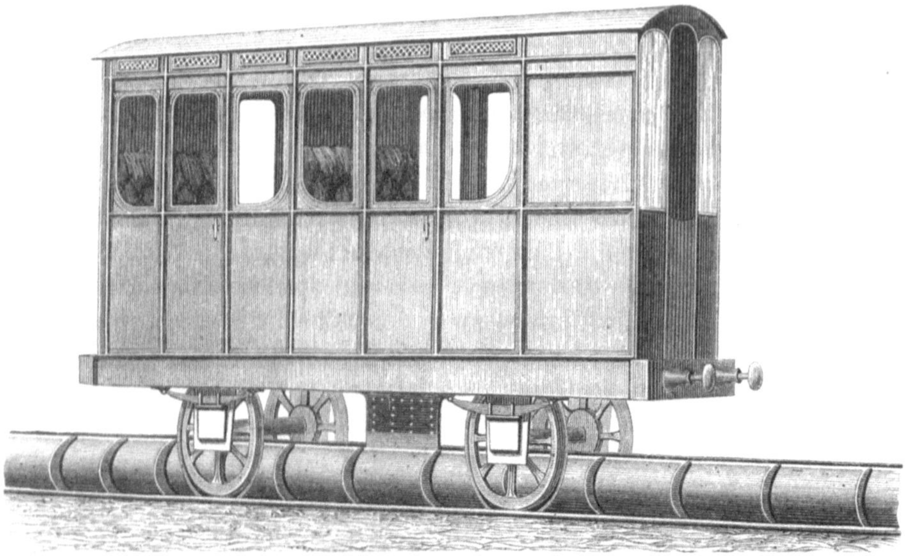

Fig. 201. — Wagon directeur du chemin atmosphérique de Saint-Germain, supprimé en 1859.

l'embarcadère et le pont de Montesson. Vus de la terrasse de Saint-Germain, ils présentent un aspect plein de hardiesse et d'élégance. Ces travaux consistent en un pont de dix arches jeté sur la Seine, dans le point où l'île Corbière la divise en deux bras. Les arches de ce pont ont, chacune, une portée de 32 mètres. Vient ensuite, un magnifique viaduc, de vingt arches, de l'aspect le plus gracieux et le plus hardi, dont l'exécution présenta de grands obstacles, en raison de la nature du terrain sur lequel reposent ses fondations. A peu de distance de ce viaduc, le chemin s'engage dans un souterrain qui passe sous la terrasse de Saint-Germain. On entre ensuite dans une longue tranchée pratiquée dans la forêt ; on pénètre de là dans un petit souterrain qui s'étend sous le parterre de la terrasse, et l'on arrive enfin à l'entrée de la gare, que quelques marches seulement séparent des salles d'attente situées de plain-pied avec la place du Château, dans l'intérieur de la ville.

Le chemin de fer atmosphérique établi du bois du Vésinet au plateau de Saint-Germain faisait suite au chemin de fer ordinaire partant de Paris. Jusqu'au pont de Montesson, le trajet s'accomplissait sur la voie ordinaire ; le reste du trajet, jusqu'à Saint-Germain, se faisait sur le chemin atmosphérique. Ce changement de système s'effectuait très rapidement, et pour ainsi dire, sans que les voyageurs eussent le temps de s'en apercevoir. Arrivé à la station de Montesson, le train s'arrêtait ; la locomotive passait derrière lui et le poussait, au moyen d'un croisement de rails, sur la voie atmosphérique. On accrochait la première voiture du convoi au wagon directeur du chemin atmosphérique. Aussitôt, sur un signal donné par le télégraphe électrique, les machines pneumatiques installées à Saint-Germain, se mettaient à fonctionner. L'air du tube était aspiré en quelques instants, et le convoi se mettait en marche. Le trajet s'accomplissait en trois minutes.

Le retour de Saint-Germain au pont de Montesson, s'effectuait par le seul poids du convoi roulant sur la pente descendante. Le conducteur n'avait d'autre manoeuvre à effectuer que de serrer les freins, pour s'opposer à une trop grande accélération de vitesse. Arrivé à la station de Montesson, le convoi repassait sur la voie du chemin de fer ordinaire, et une locomotive, tenue prête, le ramenait à Paris.

Voici quelques détails sur le mécanisme des appareils moteurs du chemin atmosphérique de Saint-Germain.

Le tube propulseur couché entre les rails, et qui se trouve maintenu par de simples chevilles sur les traverses qui supportent ces derniers, était en fonte et résultait de l'assemblage de plusieurs cylindres semblables. Il présentait, sur son trajet, de larges cercles assez rapprochés, formant saillie, qui avaient pour objet de le renforcer et d'augmenter sa résistance. Son diamètre intérieur était de 63 centimètres. Il était formé de 850 portions, et pesait 490 kilogrammes le mètre courant.

La soupape était formée d'une longue bande de cuir, fortifiée par des lames de tôle mince et flexible. Un mastic formé d'huile de phoque, de cire, de caoutchouc et d'argile, maintenait son adhérence avec le tube. Le piston était muni, à sa partie antérieure, d'une sorte de long couteau. A mesure qu'il avançait dans le tube, ce couteau soulevait la soupape, de manière à laisser passer la tige de communication des wagons. Après le passage du convoi, la soupape retombait par l'effet de sa pesanteur, et un rouleau compresseur venait, en pesant sur elle, la replacer dans sa situation primitive.

Fig. 202.— Coupe de l'intérieur du tube atmosphérique.

La figure 202 met ces dispositions en évidence. D est le couteau, H la soupape, qui retombe par son poids, après le passage du couteau, G une roue, ou galet portée par le châssis C'C, et qui, roulant sur la face inférieure de la soupape H, permet au couteau D, de passer librement.

Quand la soupape était soulevée par le couteau, elle laissait forcément rentrer un peu d'air extérieur dans le tube ; mais comme les machines pneumatiques continuaient de fonctionner pendant la marche du convoi, cette petite quantité d'air était expulsée à mesure qu'elle s'introduisait, et le vide était ainsi toujours à peu près maintenu.

Les machines pneumatiques installées à Saint-Germain, et destinées à faire le vide dans le tube propulseur, étaient la partie la plus curieuse et la plus remarquable du matériel atmosphérique. Leurs proportions étaient gigantesques. Des machines à vapeur les mettaient en action.

Les chaudières destinées à produire la vapeur, les cylindres et les pompes manœuvrées par les pistons de ces cylindres, pour faire le vide dans le tube de la voie, étaient disposés dans un immense bâtiment, construit en pierre de taille, vitré par le haut, supporté par une charpente de fer et soutenu, en son milieu, par une colonne creuse, par laquelle s'écoulaient les eaux pluviales. Un escalier placé au centre du bâtiment conduisait à l'étage où étaient disposés les cylindres des machines à vapeur ; les chaudières, au nombre de six, étaient placées au-dessous.

Les cylindres des machines à vapeur étaient couchés horizontalement, comme des pièces de canon. Le mouvement de leurs pistons se communiquait aux cylindres pneumatiques par une bielle, qui agissait sur une roue dentée, de dimensions extraordinaires, puisque son diamètre n'avait pas moins de 5 mètres. C'est cette roue dentée qui faisait mouvoir les pompes pneumatiques.

Ces pompes, au nombre de deux, étaient placées au bas de l'édifice, et rangées de chaque côté de l'escalier. Elles pouvaient extraire 4 mètres cubes d'air par seconde. Les machines à vapeur, de la force de deux cents chevaux chacune, étaient à haute pression, à condenseur et à détente. Elles ne fonctionnaient pas d'une manière continue et n'entraient en action, pour faire le vide, qu'au moment où le convoi se mettait en marche.

Rien n'était curieux à voir comme ces immenses machines, immobiles et silencieuses, qui tout d'un coup s'éveillaient pour agiter leurs gigantesques leviers. Trois minutes après, le convoi passait comme un éclair, puis tout retombait dans le silence.

Pour apprécier la valeur positive des nouveaux systèmes de chemins de fer, il faut invoquer les résultats de l'exécution pratique. Si cette vérité avait besoin de démonstration, ce qui s'est passé au chemin atmosphérique de Saint-Germain, en fournirait une preuve éclatante. Étudié au point de vue théorique et dans les conditions particulières où l'on avait pu l'observer, le système atmosphérique avait séduit beaucoup d'esprits, et fait concevoir d'assez hautes espérances. Or, il a été exécuté chez nous, avec tous les soins désirables, avec le concours des plus habiles ingénieurs du pays, et la pratique a démenti tristement les prévisions de la théorie. Les résultats de l'expérience quotidienne, faite depuis l'année 1847 jusqu'à l'année 1859, sur la rampe de Saint-Germain, ont établi que si le système atmosphérique est susceptible de donner de bons résultats sous le rapport mécanique, il est singulièrement désavantageux au point de vue financier. Les devis pour l'exécution de ce chemin, depuis Nanterre jusqu'à Saint-Germain, portaient la dépense totale au chiffre de 2 millions. Or, le chemin ne fut exécuté que sur une partie de cette distance, sur l'étendue de 2 kilomètres et demi qui sépare le pont de Montesson du plateau de Saint-Germain, et tout compte fait, l'ensemble des dépenses dépassa la somme de 6 millions. Le système atmosphérique, que l'on avait préconisé comme devant introduire une économie notable dans les frais d'établissement des chemins de fer, est donc infiniment plus coûteux que le système ordinaire.

Quelques personnes ont voulu expliquer ce résultat par les difficultés qu'offrait le parcours du Vésinet à Saint-Germain, en raison de la hauteur extraordinaire de la rampe à franchir. On pourrait répondre que le système atmosphérique étant présenté surtout comme propre à surmonter les plus fortes rampes, toute son utilité disparaît dès qu'il ne peut servir avec avantage dans ces conditions particulières. Mais là n'est pas la seule réponse à adresser aux partisans de ce mode de transport. L'expérience décisive à laquelle le chemin atmosphérique a été soumis au milieu de nous, a mis en lumière plusieurs inconvénients inhérents à son emploi, et dont la gravité suffirait à elle seule pour en prescrire l'abandon. Nous les résumerons en quelques mots.

Avec le système atmosphérique, on ne peut, sans de très grandes difficultés, établir des embranchements. Il faudrait, pour changer de voie, installer à l'extrémité de la nouvelle ligne, une machine pneumatique destinée à faire le vide dans le tuyau de ce nouveau parcours.

En second lieu, la rencontre et les intersections des grandes routes, y créent des obstacles, presque insurmontables. En raison du gros tube couché entre les rails, les charrettes et les voitures ne peuvent traverser la voie, comme elles traversent celle de nos chemins de fer ordinaires, en passant par dessus les rails. Il faut donc, à chaque croisement avec les grandes routes, élever un pont ou creuser un souterrain, de manière à donner passage aux voitures, au-dessus ou au-dessous de la voie.

Un autre vice du système atmosphérique, vice des plus graves, bien qu'il frappe moins l'esprit au premier aperçu, c'est la nécessité où l'on se trouve de conserver sur toute l'étendue de la route, la même intensité à la puissance motrice. En général, quand un chemin de fer rencontre une pente, la force à développer par la machine qui entraîne le convoi, doit s'accroître, pour surmonter cette résistance ; quand le terrain reprend ensuite le niveau, la force de traction doit diminuer. Ces variations nécessaires dans l'intensité des forces agissantes, nos locomotives les produisent sans trop de difficulté : il suffit, pour cela, d'augmenter ou de diminuer la puissance de la vapeur. Mais le système atmosphérique ne peut réaliser ces alternatives utiles dans l'intensité de l'agent moteur.

La force qu'il développe dépend, en effet, de l'étendue de la surface du piston qui se meut dans l'intérieur du tube, sous le poids de l'air extérieur. Or, la surface du piston est toujours la même. La force motrice doit donc conserver la même intensité sur toute l'étendue du trajet, soit que le convoi trouve une résistance en s'élevant le long d'une rampe, soit que cette résistance diminue, quand le chemin reprend le niveau. Pour augmenter ou diminuer l'intensité de l'action motrice, il faudrait pouvoir faire varier la surface du piston : cela étant impossible, il faut se contenter d'une égale intensité de force sur toute l'étendue de la ligne.

Nous ajouterons, comme dernière difficulté s'opposant à l'application du système atmosphérique, l'irrégularité du travail et les dépenses inutiles qui en résultent.

L'immense appareil mécanique que l'on avait établi à Saint-Germain, ces gigantesques machines pneumatiques, ces six chaudières à vapeur, ne fonctionnaient guère que trois minutes par heure. Pendant tout le reste du temps, leur service était superflu, et l'on était contraint d'arrêter, comme on le pouvait, le tirage de la cheminée, pour le rétablir une heure après, au moment du travail.

Au point de vue industriel, ce résultat était mauvais, et aurait suffi pour motiver l'abandon du système atmosphérique.

Aussi a-t-il été abandonné. En Angleterre, sur le chemin de fer de Croydon à Londres, on a supprimé ce matériel, en 1856. On en fit au tant en 1859, pour le chemin de Saint-Germain. Tout le matériel atmosphérique établi du Vésinet à Saint-Germain, fut enlevé, les pompes aspirantes envoyées à la fonte et le tube mis au vieux fer.

Le système atmosphérique a été remplacé, sur la rampe de Saint-Germain, par de puissantes locomotives, qui ont été construites d'après les données de la Compagnie de l'Ouest.

Ce genre de machine étant de nature à fournir des indications très utiles, concernant les locomotives dites de montagne, c'est-à-dire destinées à remonter de fortes pentes, nous en donnons ici (fig. 203) la coupe verticale.

Les six roues de cette locomotive sont couplées. Un réservoir d'eau supplémentaire A, A, est placé le long des roues, pour augmenter le poids de toute la machine et accroître son adhérence sur les rails.

Voici le tableau des dimensions de ses principaux organes , que nous devons à l'obligeance de M. Ad. Jullien, directeur des chemins de fer de l'Ouest.

Principales dimensions de la machine à 6 roues couplées du chemin de fer de Saint-Germain.

Diamètre des cylindres à vapeur		$0^{m},420$
Course des pistons		$0^{m},680$
Diamètre des roues		$1^{m},170$
Écartement des essieux	d'arrière et d'avant à la machine	$2^{m},800$
	d'arrière et au milieu	$1^{m},370$
	du milieu et d'avant	$1^{m},430$
Longueur de la machine de tampons en tampons		$7^{m},985$
Timbre de la chaudière : 9 atmosphères.		
Diamètre intérieur du corps cylindrique de la chaudière		$1^{m},080$
Longueur extérieure de la boite à feu		$1^{m},265$
Largeur extérieure de la boite à feu		$1^{m},190$
Longueur intérieure du foyer	Haut	$1^{m},040$
	Bas	$1^{m},097$
Largeur intérieure du foyer		$1^{m},022$
Longueur des tubes à feu		$3^{m},730$
Diamètre extérieur des tubes		$0^{m},045$
Nombre des tubes		147
Surface de chauffe	du foyer. $6^{mq}\cdot43$	
	des tubes. $77^{mq}\cdot51$	
	totale	$83^{mq}\cdot94$
Surface de grille		$1^{mq}\cdot12$
Longueur de la boite à fumée		$0^{m},775$
Diamètre de la cheminée		$0^{m},420$
Hauteur maxima de la cheminée au-dessus du rail		$4^{m},250$
Hauteur de l'axe de la chaudière au-dessus du rail		$1^{m},815$
Volume de l'eau dans les caisses		$3^{m},100$

Cette locomotive ne diffère pas beaucoup, on le voit, par ses dispositions générales. Toute sa puissance vient de ce que son poids total a été utilisé au point de vue de l'adhérence , ce qui lui donne un effort de traction considérable, et dans la masse énorme de vapeur, que fournit la grande surface de chauffe de sa chaudière.

Le poids de cette locomotive, avec sa charge d'eau, dépasse 33 tonnes.

Après le système atmosphérique, nous avons à signaler une autre invention plus récente, c'est-à-dire *le chemin de fer pneumatique.*

Le chemin de fer pneumatique, qui a été établi à titre d'essai en 1865, de Londres à Sydenham, avait été précédé de la création, faite à Londres, plusieurs années auparavant, de la poste aux lettres pneumatique. Ces deux inventions se

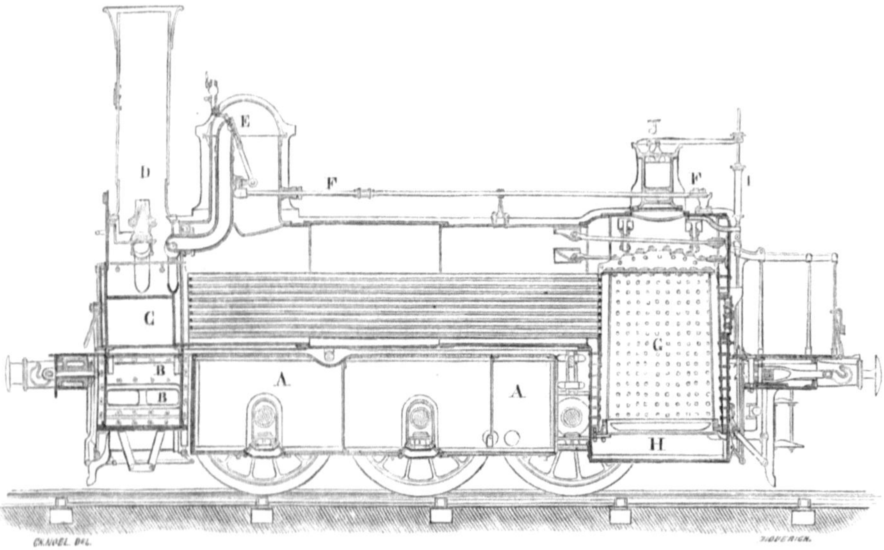

A, caisse à eau. — B, cylindre à vapeur. — B', tiroir. — D, tuyau soufflant et cheminée.
E, régulateur. — FF, tringle du régulateur. — IJ, soupape de sûreté.
G, tubes à feu et foyer. — H, cendrier.

Fig. 203. — Coupe de la locomotive qui sert à remonter la rampe de Saint-Germain.

rattachant ainsi étroitement l'une à l'autre, il est indispensable de dire quelques mots de la première, c'est-à-dire de la *poste aux lettres pneumatique*.

On a vu plus haut (page 183), qu'un inventeur, M. Medhurst, avait proposé, en 1810, d'utiliser la pression de l'air pour le transport des lettres et des bagages.

Un ingénieur anglais, M. Latimer Clarke, a de nos jours repris cette idée, et a fait à Londres, une application pratique de l'emploi de la pression de l'air pour le transport des lettres dans l'intérieur d'une ville.

Voici quelles étaient les dispositions essentielles du système que M. Latimer Clarke fit breveter en Angleterre, les 28 janvier 1854 et 11 juin 1857.

Les diverses stations de la poste étaient réunies par une série de tuyaux, dans l'intérieur desquels était placé un cylindre ou piston, servant de boîte, et portant les lettres et les paquets. Quand on faisait le vide dans le tuyau, la pression atmosphérique agissant sur la partie extérieure du piston, qui jointait fort exactement au tube grâce à des bandes de caoutchouc placées sur son contour, ce piston-boîte était chassé rapidement à l'intérieur du tuyau. Des réservoirs de vide, ou d'air comprimé, étaient distribués sur le trajet du tube, afin de profiter du travail des pompes, dans l'intervalle des envois. L'arrêt du piston-boîte se produisait au moyen d'une introduction d'air destiné à ralentir la marche, et d'un tampon, muni de ressorts, comme ceux des wagons des chemins de fer, pour produire l'arrêt complet. Les essais faits à Londres du système de M. Latimer Clarke ayant justifié les prévisions de l'inventeur, une ligne de tuyaux fut établie, à titre d'expérience, par la *Compagnie des postes*, et fonctionne depuis 1858 dans cette ville, pour le transport des dépêches[20].

La *poste pneumatique* ou *atmosphérique* existe aujourd'hui et fonctionne dans quelques quartiers de Londres. Quatre tuyaux atmosphériques relient le bureau central de la compagnie de la poste pneumatique à quatre succursales voisines, dont la plus éloignée se trouve à 4 400 mètres. Enfoncés dans le sol à 80 centimètres de profondeur, les tuyaux sont en alliage à base de plomb ; leur diamètre est de 4 à 5 centimètres ; ils sont enfermés dans des tuyaux en fonte, pour les traversées des rues.

20 En France, l'idée de la locomotion par la pression atmosphérique a été poursuivie, mais sans amener encore de résultats sérieux. Un inventeur fécond mais qui ne put jamais réussir à attirer sur lui l'attention publique, Ador, mort il y a dix ans, eut l'idée d'appliquer à la télégraphie la vitesse de 300 mètres environ par seconde, que l'on peut imprimer par la compression ou la raréfaction de l'air, à un piston cheminant dans un tube souterrain. Selon M. l'abbé Moigno, l'expérience du système Ador aurait été faite avec succès dans le jardin des Tuileries. Mais on le voit, il ne s'agissait pas ici de transport d'objets matériels, mais seulement de signaux télégraphiques.

Un autre inventeur ingénieux, M. Galy-Cazalat, a étudié la même question en France. En 1855, M. Galy-Cazalat fit une expérience du système Ador, devant une commission de la *Société des inventeurs*, présidée par M. le baron Taylor.

Enfin, un ingénieur français aujourd'hui au Mexique, M. Kieffer, a développé le même projet et s'est occupé de faire adopter à Paris la *poste atmosphérique*. Dans une brochure publiée en 1862, sous ce titre : *Réforme du service de la poste dans l'intérieur de Paris et des grandes villes*, par M. Amédée Sébillot, ingénieur, ce projet a été décrit avec de grands détails. On trouvera dans notre *Année scientifique et industrielle* (6e année, pages 71-78), une analyse détaillée de ce projet, qui toutefois n'a pas eu de suite. Nous ajouterons qu'il est regrettable que l'on n'ait pas continué, à Paris, les essais qui avaient été commencés, à la demande de M. Kieffer et avec le concours de l'administration des postes, du système pneumatique qui fonctionne à Londres, et que M. Kieffer voulait importer a Paris.

En supposant que la *poste pneumatique* (*pneumatic pucth*, comme disent les Anglais) ne doive rencontrer, dans l'exécution pratique, aucun inconvénient, on ne saurait contester l'importance de la réforme qui serait ainsi réalisée dans le service des postes. Il existe, en effet, une différence choquante entre le progrès qu'a fait depuis trente ans le transport des lettres à grande distance, et leur expédition dans l'intérieur des villes. Une lettre qui mettait naguère six jours à parvenir de Paris à Marseille, y arrive aujourd'hui eu vingt heures, grâce aux chemins de fer. Mais le service postal de l'intérieur des villes est bien loin d'avoir suivi une impulsion correspondante à cet immense progrès. Dans les villes, le service de la petite poste est resté à peu près ce qu'il était il y a trente ans, et il est aujourd'hui insuffisant pour les exigences du public. La plus grande partie des lettres qui circulent dans l'intérieur des villes comme Paris, exigeraient une très grande rapidité d'expédition. Souvent, un retard de deux ou trois heures rend une missive inutile, et l'on se décide à recourir à un exprès, dont on se dispenserait fort bien, si le service s'exécutait avec promptitude. Dans le service actuel, il faut, à Paris, environ quatre heures pour qu'une lettre, si pressante qu'elle soit, arrive à sa destination. L'adoption du système pneumatique pour l'expédition des lettres, ou paquets de petite dimension, réaliserait ici un avantage important : un quart d'heure au plus serait nécessaire pour l'échange d'une lettre et de sa réponse. Ce seraient les avantages de la télégraphie électrique, moins ses inconvénients. La télégraphie électrique ne transmet, en effet, qu'un très petit nombre de mots, payés à un prix élevé, et livrés à découvert ; en outre, tout envoi matériel lui est interdit. Aujourd'hui que la multiplicité des affaires réclame une extrême rapidité dans la réception des dépêches, le service postal de la capitale est devenu, nous le répétons, insuffisant, et demande une réforme. Les essais dus à divers inventeurs, l'expérience faite récemment en Angleterre, semblent prouver que la solution de ce problème se trouve dans l'adoption du système pneumatique.

Les dépêches sont placées dans des étuis en cuir, de 10 centimètres de longueur, qui glissent à frottement, le long des parois intérieures des tuyaux. Une machine à vapeur fait le vide dans ces tubes. Les communications entre le réservoir et les conducteurs sont établies à l'aide de petits tuyaux en plomb munis de robinets.

Voici comment se fait l'envoi des paquets ou lettres, à travers ce système de tuyaux. La succursale qui a une dépêche à transmettre au bureau central, sonne l'employé de ce poste, à l'aide d'un fil télégraphique souterrain. Dès que la sonnerie fonctionne, l'étui porteur de la dépêche à expédier doit être mis dans le tuyau. Au moment où l'employé du poste central met ce tuyau en communication avec le réservoir, en ouvrant le robinet, la pression atmosphérique force l'étui porteur à s'acheminer vers le poste central, l'y conduit lentement.

A l'aide d'une disposition très simple, les dépêches sortent automatiquement des tuyaux, et tombent sur la table de l'employé. A cet effet, chaque tuyau est muni, à quelques centimètres de son extrémité, qui est hermétiquement fermée, d'une petite porte de la dimension de l'étui. Cette porte, maintenue ouverte par un ressort, se ferme sous l'action de la pression atmosphérique, quand on met le tuyau en communication avec le vide. Au moment où l'étui arrive au-dessus de la porte, la pression atmosphérique devient égale des deux côtés, le ressort fait ouvrir la petite porte, et l'étui tombe sur la table. C'est par cette même porte qu'on introduit l'étui qui doit être envoyé à l'autre station.

Les ingénieurs anglais n'emploient pas l'air comprimé pour envoyer les dépêches du poste central dans les succursales. Ils ont préféré conduire jusque dans ces stations de petits tubes en plomb communiquant avec le réservoir du vide, dans l'hôtel de la compagnie. Ces tubes sont munis de robinets, semblables à ceux qui fonctionnent dans le poste central ; de sorte que la manoeuvre, quand il s'agit d'envoyer dans une succursale une dépêche de l'administration centrale, est la même que celle que nous venons de décrire. L'employé de cette succursale, averti par la sonnerie du poste central, ouvre le robinet du vide et attend la dépêche.

Le poste central de la compagnie électrique est situé au troisième étage. Ce fait n'est pas sans intérêt, car il indique que les tuyaux peuvent être fortement coudés sans arrêter le passage de l'étui. On conserve toujours à la station centrale un réservoir rempli d'eau, dont on peut faire usage lorsque, par accident, l'étui à dépêches se trouve arrêté au milieu de son trajet. L'eau, lancée d'une certaine hauteur, dans le tuyau, par sa pression, chasse l'étui, et le et conduit à l'extrémité de son parcours.

Tel est l'ingénieux système de poste pneumatique qui fonctionne à Londres depuis 1860. C'est en perfectionnant les dispositions de ce système, et en le simplifiant, que M. Rammel, ingénieur anglais, a créé en 1865, le chemin de fer pneumatique qui a été établi de Londres à Sydenham.

M. Rammel, en agrandissant les dimensions du tube, y a placé des wagons à voyageurs. Son système diffère de celui de la poste pneumatique par la substitution d'une pression très basse (10 à 12 centimètres d'eau seulement) au vide de 5 mètres d'eau, ou d'une demi-atmosphère, qui est nécessaire pour pousser les paquets dans les tuyaux de la poste pneumatique de Londres. Au lieu de 10,325 kilogrammes par mètre carré de surface, qui représentent la pression atmosphérique, M. Rammel n'emploie qu'une pression de 100 kilogrammes. Enfin, cette pression est produite par une seule machine aéromotrice, à rotation continue, qui aspire le train lorsqu'il arrive, et le chasse lorsqu'il doit partir. Cette machine aéromotrice est tout simplement un grand ventilateur, à surface concave, d'environ 7 mètres, qui est mis en mouvement par une machine à vapeur. Le grand disque tourne dans une chambre en tôle, qui a la forme d'un tambour de bateau à vapeur. Vers son périmètre s'écoule, quand le ventilateur fonctionne, un courant d'air invisible, mais assez puissant pour agiter violemment les branches des arbres placés près du hangar des machines.

Il arrive quelquefois que cet ouragan enlève le chapeau d'un spectateur ahuri, qui a lui-même de la peine à se tenir sur ses jambes.

Le tunnel, construit en maçonnerie, a une longueur de 600 mètres sur $2^{m},75$ de largeur et 3 mètres de hauteur, ce qui suffit pour l'admission des plus grandes voitures du chemin de fer du Great-Western.

La voiture ressemble à un très long omnibus. Elle porte, à l'une de ses extrémités, un disque dont la forme s'adapte à celle de la section du tunnel. Sur le pourtour du disque est fixé un cordon en peluche de soie, formant brosse, qui, pendant le trajet, balaye la paroi du souterrain, et intercepte, d'une manière suffisante, le passage de l'air. La voiture destinée à recevoir les voyageurs est attachée à ce piston, et lui fait suite. Dans cette voiture-piston, les voyageurs entrent par deux portes de cristal, à coulisses, qui en ferment les deux extrémités. L'intérieur est garni de divans et éclairé par des lampes, qui illuminent le tunnel, au moment du passage de la voiture dans ces sombres lieux.

Au départ, on desserre simplement le frein qui retient la voiture au haut d'un plan assez fortement incliné. Tout aussitôt, le véhicule descend dans le tunnel, en vertu de son poids. Dès qu'il a dépassé l'ouverture grillée d'une galerie latérale, la bouche du tunnel se referme, par une porte en fer à deux battants, et le ventilateur envoie un courant d'air comprimé, qui agit sur le train et le souffle vers la station d'arrivée. Le retour s'effectue par l'aspiration de l'air, la pression atmosphérique ramène alors le train à la station de départ.

L'effet de cette pression, réduite à 9 grammes par centimètre carré, n'est pas brusque ; mais il est plus que suffisant, car les 600 mètres qui représentent la longueur du tunnel, sont parcourus en 50 secondes.

Le mouvement de la voiture est très doux et tout à fait exempt de secousses. Aucune fumée ne vient se mêler à l'atmosphère du souterrain. L'air y est, au contraire, sans cesse renouvelé par les deux courants alternants.

Comme deux trains ne peuvent se mouvoir simultanément dans le tunnel, les collisions y sont nécessairement impossibles. Le pire qui pourrait arriver, c'est un arrêt, au milieu du chemin. Dans ce cas, on ouvrirait simplement les portes et l'on ferait le reste du chemin à pied.

L'intérieur de la voiture étant parfaitement éclairé, le trajet n'a rien de désagréable ni d'effrayant. Seulement, le voyageur n'a d'autre vue que celle de l'intérieur de la voiture.

Où est, hélas ! la poésie du voyage ! Pourrait-on décider un touriste à s'accommoder d'un tel système ! Partir, arriver, voilà, disent bien des gens, les deux termes d'un voyage. A ceux-là, le système, qui a été essayé de Londres à Sydenham, ne laissera rien à désirer. Mais il ne peut s'attendre qu'aux justes malédictions des touristes.

La figure 204 représente l'ensemble du chemin de fer pneumatique de Londres. On y voit l'entrée du tunnel et la voiture attachée au piston, lequel est muni, sur tout son contour, d'une brosse de soie, qui, frottant exactement contre les parois circulaires du tunnel, empêche la rentrée de l'air extérieur dans ce long boyau.

Au-dessus de la voiture, on voit le tambour enveloppant le disque-ventilateur, qui, mis en action par une machine à vapeur située de l'autre côte du mur, produit la raréfaction de l'air ou sa condensation dans le tunnel. Le tuyau qui, sortant du tambour du ventilateur, aboutit à l'intérieur du tunnel, pour en extraire l'air, ou l'y condenser, se voit à la partie inférieure du tambour. De là, il passe sous terre, pour s'ouvrir à l'intérieur du tunnel.

On parle déjà d'importantes applications du système pneumatique, ainsi simplifié, au transport des voyageurs sur les pentes du Simplon, et même dans le tunnel sous-marin projeté pour relier l'Angleterre et la France par-dessous l'Océan, entre Douvres et Calais.

L'avenir montrera ce qu'il y a de réalisable dans tous ces projets.

Tel est à peu près l'ensemble des principaux moyens que l'on a proposés jusqu'à ce jour, pour remplacer l'usage des locomotives. Il nous serait impossible de porter un jugement assuré sur chacun de ces systèmes. La plupart sont encore à l'étude, et n'ont reçu que d'une manière très incomplète la sanction de l'expérience. Or, on ne peut juger avec certitude la valeur d'une invention de ce genre que lorsque, définitivement transportée dans la pratique, elle a permis d'apprécier, par le résultat d'une application quotidienne, ses avantages ou ses défauts.

Fig. 204. — Entrée du chemin de fer pneumatique de Londres à Sydenham établi en 1865.

La question des chemins de fer est aujourd'hui discutée, retournée sous toutes ses faces, soumise à des études constantes, qui tendent sinon à remplacer le système actuel, du moins à le perfectionner dans son ensemble ou dans ses détails. Mais ce système, qui trône dans le monde entier, supporte parfaitement ces attaques , triomphe de ces critiques, et se montre, en fin de compte, supérieur à toutes les méthodes nouvelles mises en avant par les inventeurs.

Cette solide contenance, ce triomphe incessant du système actuel de nos voies ferrées contre les objections dont il est continuellement l'objet, est peut-être la preuve la plus éclatante de ses mérites, la démonstration manifeste de sa supériorité. Espérons, néanmoins, que tous les travaux dont nous venons de présenter le tableau abrégé, ne resteront pas sans fruit, et qu'ils contribueront, par quelque modification heureuse introduite dans l'économie générale de nos chemins de fer, à porter à son plus haut degré de perfection l'invention admirable qui a déjà rendu au monde de si précieux services.

CHAPITRE XIV

LES CHEMINS DE FER DANS L'INTÉRIEUR DES VILLES.

Nous terminerons cette notice en signalant un côté tout nouveau de la question qui vient de nous occuper. Nous voulons parler de la proposition d'établir, au sein même des villes, ces chemins de fer dont les avantages ne se sont fait bien sentir encore que pour les transports à d'assez grandes distances.

Les chemins de fer urbains n'existent guère, et encore seulement dans des quartiers extérieurs, que dans quelques villes de l'Amérique, telles que Philadelphie et New-York, en Amérique, Manchester en Angleterre, Gênes en Italie, Nantes en France, etc. Cependant ce système a été l'objet d'un assez grand nombre d'études. Nous allons présenter un abrégé des projets qui ont été mis en avant sur cette question.

On a proposé successivement de faire pénétrer les chemins de fer dans l'intérieur des villes : 1° par des souterrains creusés à une profondeur plus ou moins grande ; 2° par des rails simplement placés à niveau du sol ; 3° par des arcades élevées à une certaine hauteur au-dessus de la voie publique.

Chacun de ces trois systèmes présente des avantages et des inconvénients que nous allons sommairement indiquer.

Chemins souterrains. — L'établissement des chemins de fer dans des tunnels creusés sous la voie publique, n'apporterait aucun trouble à la circulation qui s'opère dans les villes. Il n'exigerait aucune acquisition de terrains. Enfin, on pourrait mettre facilement la voie ferrée en communication avec les caves des maisons, transformées en magasins de dépôts de marchandises. Mais l'établissement de chemins de fer souterrains, rencontre une insurmontable difficulté dans l'existence, au-dessous du sol des grandes villes, des diverses conduites pour l'eau et le gaz, et surtout dans la présence des égouts.

C'est devant cet obstacle que se sont arrêtés les auteurs d'un projet conçu, il y a une dizaine d'années, de chemins de fer souterrains, à établir dans Paris. Dans un travail dû à M. Lacordaire, ingénieur des Ponts et Chaussées, et qui avait été entrepris sous les auspices de M. Le Hir, on avait songé, pour créer une voie ferrée sous les rues de Paris, à détourner les égouts actuels. Ce projet se trouva paralysé par le refus, de la part de l'autorité municipale, de laisser établir aucune galerie souterraine, soit au niveau, soit au-dessus des égouts actuels. Comme les plans de la ville, quant aux égouts futurs, étaient encore incertains, il leur fut même déclaré qu'aucune autorisation ne pourrait être donnée, si les galeries du chemin de fer ne descendaient à une profondeur assez grande pour ne contrarier ni les égouts présents ni les égouts futurs.

Cette déclaration de l'autorité municipale parut, pendant assez longtemps, devoir couper court à tout projet de ce genre. Cependant, à la suite d'une nouvelle étude de la question, due à M. Mondot de La Gorce, ancien ingénieur du département, on reconnut non seulement la possibilité d'établir une voie ferrée à une grande profondeur sous le sol, c'est-à-dire au-dessous du niveau des égouts.

L'abaissement du niveau des galeries de la voie ferrée présentait l'avantage, sur les points de Paris où le sous-sol est inondé, d'arriver à la couche d'argile, au lieu d'avoir à creuser dans le sable mouvant. En se bornant à une seule voie dans toute la partie du réseau où la circulation ne serait pas extraordinairement active, en réduisant les galeries à la largeur strictement nécessaire, et en substituant le forage en tunnel au creusage à ciel ouvert, les auteurs de ce projet trouvaient, dans la condition même qu'on leur imposait, les moyens de faciliter l'exécution de leur entreprise.

Le premier projet fut donc remanié pour entrer dans des conditions toutes nouvelles. Le plan qui fut soumis à la ville de Paris, a été exposé dans un mémoire imprimé, qui a pour titre : *Entreprise générale d'un transport de personnes et de choses dans Paris par un réseau de chemins de fer souterrains.* Ce mémoire est signé par M. Lacordaire, ancien ingénieur divisionnaire des Ponts et Chaussées, et par M. Le Hir, avocat à la Cour impériale de Paris.

Ce projet, toutefois, n'a pas eu de suite. Les fâcheuses conséquences qu'auraient entraînées les excavations du sol, font comprendre suffisamment qu'il ait été abandonné.

On a donc renoncé, à Paris, à l'idée des chemins de fer souterrains qui, s'ils avaient pu être adoptés, auraient montré ce spectacle étonnant de personnes descendant à la cave pour monter en voiture.

Chemins de fer de niveau. — Les chemins de fer établis au sein des villes, sur les terrains de niveau, occasionneraient une gêne considérable à la circulation. Ils ne semblent donc admissibles que lorsqu'il s'agit de pénétrer dans une cité essentiellement industrielle, où toutes les convenances restent subordonnées aux besoins des usines. En effet, sur les chemins de niveau, les raccordements de la voie avec les usines sont facilités ; le transport économique des matières pondérantes qui est, pour les cités industrielles, la plus importante des conditions, se trouve ainsi assuré.

Nous n'avons pas besoin de dire que dans les villes non industrielles, on ne saurait songer sérieusement à lancer une locomotive sur des rails à niveau du sol, au milieu de l'embarras et de l'encombrement des rues livrées à la circulation publique. Mais dans les villes qui sont le siège d'une industrie active, on a pu, non seulement songer à ce projet, mais l'exécuter. A New-York, à Manchester, à Gênes, les voies ferrées pénètrent dans l'intérieur de la ville et du port.

En France, un chemin de fer existe au sein d'une ville : nous voulons parler de Nantes. La figure 205 (page 397) donne une vue de la partie de la ville et du port de Nantes qui sont traversés par la voie ferrée.

Chemins de fer sur arcades. — Il résulte de ce qui précède, que l'on ne peut songer à établir des voies ferrées au sein des villes non industrielles, qu'en plaçant la voie sur des arcades élevées au-dessus du sol.

On a mis en avant plusieurs projets pour construire, au milieu des cités, des chemins de fer portés sur des arcades.

Au mois de février 1855, M. Telle, savant instituteur, a publié, à Paris, une brochure de quelques pages, ayant pour titre : *Les chemins de fer dans l'intérieur de Paris et des autres grandes villes. L'Illustration* du 20 avril 1856 a donné une vue d'un chemin de fer de Paris, d'après la description contenue dans la brochure de M. Telle.

Ce système consistait à placer les rails sur des arcades élevées, placées au milieu des rues, et arrivant à peu près à la hauteur du premier étage. M. Telle proposait de faire usage des locomotives. Il ne paraissait pas se douter des inconvénients qu'auraient pour les habitants de la ville, la fumée et le foyer et l'ébranlement du sol, etc. Quand le terrain l'exige, ajoute tout simplement l'inventeur, on pratiquerait des tranchées !

Après cette imparfaite ébauche d'un projet, déjà étrangement difficile, un ingénieur en chef des Ponts et Chaussées, M. Jules Brame, a fait connaître des dispositions pratiques parfaitement étudiées, et qui auraient le double avantage de concourir à l'embellissement des villes et de se plier aux exigences de la circulation.

On pourrait comparer les chemins de fer urbains imaginés par M. Brame à l'un de nos boulevards, dont la chaussée, exclusivement consacrée à l'emplacement des deux voies de fer, et les larges trottoirs destinés aux piétons, seraient établis sur des arcades ; le tout, de plain-pied avec le premier étage.

Que l'on imagine un tel boulevard compris entre deux voies parallèles, dont il serait séparé par des constructions. Ces dernières auraient deux façades : l'une sur le chemin de fer avec boutique correspondant au premier étage ; l'autre, sur les rues latérales avec boutiques au rez-de-chaussée. Ces rues seraient, par conséquent, d'un étage en contre-bas du chemin de fer ; elles communiqueraient entre elles au moyen de viaducs établis sous la voie de fer à la rencontre de toutes les rues transversales.

Aux têtes de ces viaducs seraient accolés des escaliers doubles, mettant en communication les trottoirs du boulevard avec ceux des voies latérales.

Ces viaducs seraient recouverts en dalles de verre, afin d'en éclairer la traversée, et leurs culées pourraient être appropriées pour l'installation de boutiques, qui se trouveraient ainsi dans les mêmes conditions que la plupart de nos galeries vitrées actuelles.

Le dessous du boulevard, distribué en caves et sous-sols, serait utilisé comme dépendances des boutiques attenantes. Il suffirait de recouvrir en dalles de verre épais les trottoirs du boulevard pour éclairer ces magasins.

La circulation des voitures, étant exclusivement reportée dans les rues latérales, s'effectuerait ainsi sans entraves et dans les conditions ordinaires. Celle des piétons, qui aurait lieu sur les trottoirs des boulevards, serait exempte de tous les inconvénients que l'on éprouve actuellement aux traversées des rues. Des marquises vitrées mettraient les promeneurs, auxquels l'étalage des boutiques offre un si grand attrait, à l'abri des intempéries de l'air. Une élégante balustrade, bordant le trottoir, interdirait l'accès sur la voie de fer, sans gêner la vue lorsqu'elle se reporterait sur le mouvement de va-et-vient des convois.

De légères passerelles en fer, convenablement espacées, faciliteraient les communications d'un trottoir à l'autre par-dessus le chemin de fer. Ces passerelles seraient supportées par leurs escaliers d'accès aboutissant au bord des trottoirs.

Le dessous de ces escaliers pourrait être utilisé pour l'entrée et la sortie des voyageurs du chemin de fer : un bureau de contrôle y serait établi à cet effet.

Dans le projet qui nous occupe, M. Brame propose d'effectuer la traction sur la voie ferrée par des machines fixes, et non par des locomotives, afin d'éviter les secousses ou les ébranlements, et de préserver les habitations voisines du bruit et de la fumée des locomotives. Les trains seraient nombreux et les stations rapprochées, pour suffire aux besoins d'une circulation active.

A ce séduisant projet des boulevards de fer, selon l'expression de l'auteur, on ne peut guère objecter que les dépenses excessives qu'entraînerait son exécution. M. Brame fait remarquer, il est vrai, qu'en outre des recettes du chemin de fer, on réaliserait encore le produit de la location des constructions, qui toutes seraient disposées en façade. Il est certain pourtant que cette source de revenu serait insuffisante pour couvrir les dépenses énormes qu'exigerait l'établissement de ces charpentes continues de fer, élevées sur toute l'étendue de la voie.

Il est donc fort à croire que ce n'est pas sous cette forme que les chemins de fer urbains sont destinés à se réaliser. Le travail de M. Brame servira toutefois de point de départ à des projets analogues qui, conçus dans d'autres conditions, pourront être d'une exécution moins dispendieuse.

Disons enfin qu'un ingénieur belge, M. Carton de Wiart, a composé, en 1856, un projet très bien étudié, pour introduire les voies ferrées dans l'intérieur de Bruxelles.

Nous avons vu, avec le projet de M. Brame, un chemin de fer exigeant la construction d'une ville nouvelle, pour ainsi dire, puisqu'il nécessite la création de rues particulières, destinées à recevoir les arcades de la voie ferrée. Le plan proposé par M. Carton de Wiart, pour la ville de Bruxelles, est plus facile à réaliser. L'auteur de ce projet ne demande pas la construction d'une ville nouvelle pour y approprier son système. Il se plie, au contraire, à tous les accidents de terrain, à toutes les sinuosités, passablement nombreuses, d'une ville déjà existante, et qui est renommée par les difficultés qu'elle présente à la simple circulation des voitures.

M. Carton de Wiart propose de raccorder les stations du Nord et du Midi du railway de l'État, à Bruxelles, par une rue de fer, dont il fait connaître les moyens d'exécution et le but, sous le titre d'avant-projet.

L'auteur s'exprime ainsi, dans sa brochure, publiée en 1856.

> « Cette rue de fer comprend quatre voies, dont deux sont destinées à la circulation des convois, et les deux autres à la remise des marchandises à domicile sur toute la longueur de la rue.
>
> « Les deux voies du milieu sont établies à ciel ouvert, tandis que les deux autres passent sous une galerie recouverte par une terrasse. Cette terrasse forme un large trottoir vis-à-vis des maisons de la rue de fer. Elle est établie de manière à se raccorder avec les rues sous lesquelles passe la voie ferrée, et sa largeur est suffisante pour permettre le passage des voitures.
>
> « De cette façon, la circulation des convois est rendue tout à fait indépendante de la circulation des voitures et des piétons.
>
> « La rue de fer aura 19 mètres de largeur, 8^{m},50 ciel ouvert et 5^{m},25 de chaque côté pour la partie ouverte. La partie de la terrasse destinée au passage des voitures aura 3 mètres de largeur, il restera ainsi 2^{m},25 pour établir un trottoir devant les maisons. La circulation des voitures aura lieu dans une direction différente sur chaque terrasse.

Fig. 205. — Un chemin de fer dans une ville : Chemin de fer dans l'intérieur de Nantes.

> L'impossibilité pour les voitures de circuler dans les deux sens présentera peu d'inconvénients à cause du peu de distance qui sépare les rues croisées par la rue de fer. Il suffira toujours, lorsque l'on voudra changer la direction, d'aller tourner à quelques pas à l'angle de la première rue, et rien ne serait plus facile, du reste, si la distance était trop forte, que d'établir un pont reliant les deux terrasses.
> « Une rue dans des conditions pareilles présentera de sérieux avantages. Elle formera sur toute sa longueur un vaste entrepôt où les marchandises s'arrêteront directement en écartant les chargements et déchargements nécessaires aujourd'hui pour conduire ou chercher les marchandises à la station. »

Le projet de M. Carton, soit dit sans jeu de mot, est resté dans les cartons. Il ne manquait pas cependant d'un certain caractère pratique, et pourrait donner un enseignement utile pour la solution du même problème dans l'avenir.

Si l'on rapprochait, si l'on combinait entre eux, les deux projets que nous venons d'exposer, on arriverait peut-être à un résultat pratique. L'avant-projet de M. Carton de Wiart, pour une rue de fer à Bruxelles, s'appliquerait encore mieux à Paris que dans la capitale de la Belgique. D'un autre côté, il y a dans le plan proposé par M. Jules Brame, des solutions très remarquables de différentes difficultés, pour l'établissement des chemins de fer urbains. La fusion de ces deux projets pourrait donc offrir de réels avantages.

En prenant à chacun d'eux ce qu'il y a de réalisable, en les modifiant l'un l'autre par d'habiles combinaisons, on pourrait peut-être doter Paris, ou toute autre grande ville, d'un réseau de voies ferrées intérieures, sans creuser des tunnels au-dessous des rues. Le système de l'ingénieur belge représente, en effet, une sorte de terme moyen entre le tunnel et le viaduc :

Inter utrumque tene : medio tutissimus ibis.

Table des Matières

CHAPITRE I

CHAPITRE II

CHAPITRE III

CHAPITRE IV

CHAPITRE V

CHAPITRE VI

CHAPITRE VII

CHAPITRE VIII

CHAPITRE IX

CHAPITRE X

CHAPITRE XI

CHAPITRE XII

CHAPITRE XIII

CHAPITRE XIV

SCIENCES & TECHNIQUES

www.decoopman.com

Éditions Decoopman - Ferrières - 30440 Saint-Laurent-le-Minier
Tel : +33 (0) 4.67.73.90.95 - web : www.decoopman.com - e.mail : editions@decoopman.com
Catalogue gratuit sur simple demande

Sciences & Techniques

www.decoopman.com

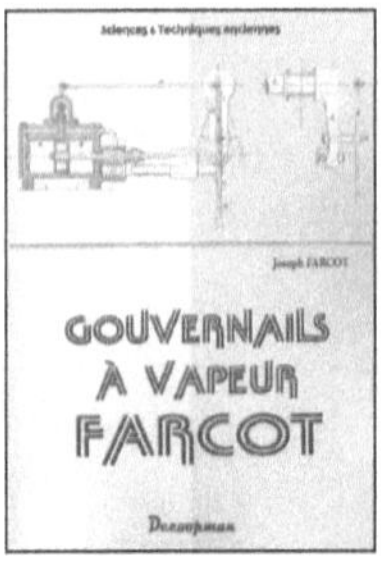

Éditions Decoopman - Ferrières - 30440 Saint-Laurent-le-Minier
Tel : +33 (0) 4.67.73.90.95 - web : www.decoopman.com - e.mail : editions@decoopman.com
Catalogue gratuit sur simple demande

Sciences & Techniques

www.decoopman.com

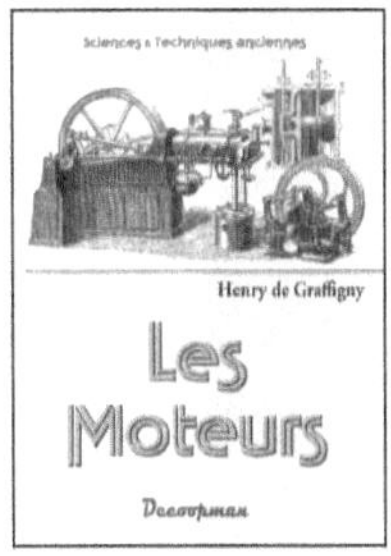

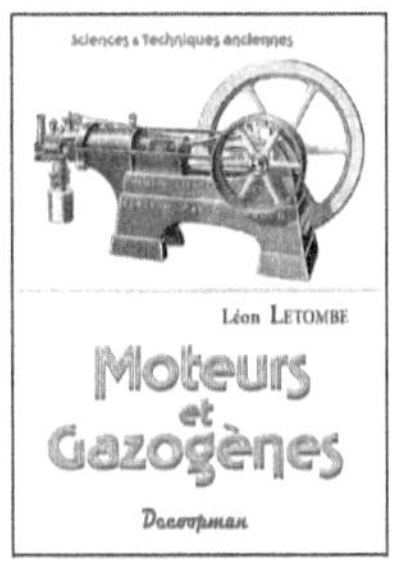

Éditions Decoopman - Ferrières - 30440 Saint-Laurent-le-Minier
Tel: +33 (0) 4.67.73.90.95 - web: www.decoopman.com - e.mail: editions@decoopman.com
Catalogue gratuit sur simple demande

SCIENCES & TECHNIQUES

www.decoopman.com

Éditions Decoopman - Ferrières - 30440 Saint-Laurent-le-Minier

Tel: +33 (0) 4.67.73.90.95 - web: www.decoopman.com - e.mail: editions@decoopman.com

Catalogue gratuit sur simple demande

www.ingramcontent.com/pod-product-compliance
Lightning Source LLC
Chambersburg PA
CBHW031324230926
51848CB00001B/78
* 9 7 8 2 9 1 7 2 5 4 4 8 6 *